콘크리트 실무지침 KCI PM105.3-14

프리스트레스트 콘크리트 건축물과 플랜트 구조물의 설계 및 공법

프리스트레스트콘크리트위원회

사단법인 한국콘크리트학회 Korea Concrete Institute

발간사

올해에 우리 학회는 벌써 창립 25주년이 되었습니다. 그동안 우리 학회는 본연의 역할인 해당 분야의 학문과 기술을 향상시키면서 모범 전문학회로서 크게 성장하여 왔습니다. 특히 지난 학회 20주년을 기념하여 보다 체계적인 참고문헌을 발간하기 위하여 '콘크리트실무지침편찬특별위원회'를 구성하여 전문서적을 꾸준히 발간하여 왔습니다.

이 특별위원회(당시 위원장 김상식 명예회원)는 2009년에 처음으로 구성되어 많은 노력 끝에 2010년 말 처음으로 『해양 콘크리트의 염해 내구성 및 설계』, 『매스 콘크리트의 온도 균열 제어』, 『고유동 콘크리트의 제조 및 시공』, 『콘크리트 구조물 이음의 설계 및 시공』, 『콘크리트 양생』 등 5권의 실무매뉴얼을 발간한 바 있습니다. 그 후 2011년 특별위원회는 학회 연구전문위원회의 도움을 받아 출판을 기획하여 『건축 포스트텐션 시스템』, 『PS 긴장재의 시공, 긴장관리 및 그라우팅』, 『콘크리트 장기거동 해석 및 적용』, 『폴리머 콘크리트 복합체의 제조 및 시공』, 『콘크리트 구조물의 방수기술』, 『레디믹스트 콘크리트 품질 문제의 원인 및 대책』, 『콘크리트 제조, 운반 및 타설』 등 7개의 실무매뉴얼을 2012년에 발간하게 되었습니다. 그리고 2012년, 2013년, 2014년에 각각 6개씩 기획된 18개의 실무지침이 현재 작성 중에 있으며, 이 중에서 『국내외 주요 기준의 휨-압축 부재 설계 및 예제』, 『콘크리트 구조물의 철근 부식 진단과 방지 대책』, 『섬유보강 고인성 시멘트 복합재료의 구조적 이용과 성능 평가』, 『프리스트레스트 콘크리트 건축물과 플랜트 구조물의 설계 및 공법』, 『수중구조물의 점검 및 보수보강 지침』, 『시스템 거푸집의 설계와 시공』 6권을 이번에 발간하게 되었습니다. 지난번 발간사에서도 밝힌 바와 같이 이번 발간물도 마지막이 아니고 앞으로 계속 많은 실무지침을 발간할 예정이며, 이미 발간된 매뉴얼도 계속 수정해 나갈 것입니다. 아무쪼록 집필자들의 노력으로 발간된 각종 실무지침들이 회원과 독자 여러분에게 큰 도움이 되기를 바랍니다.

끝으로 지난 몇 년 간 어려운 여건 속에서도 열심히 노력하시어 실무지침을 작성하여 주신 집필책임자 이재훈 회원, 장승엽 회원, 윤현도 회원, 강현구 회원, 김완영 회원, 정하선 명예회원과 집필위원 여러분에게 감사드리며, 세심한 검토를 해주신 특별위원회 여러 위원님들에게도 감사드립니다.

2014. 12.

사단법인 한국콘크리트학회

콘크리트실무지침편찬특별위원회 위원장 김 진 근

학회 회장(13대) 정　　란

머리말

우리나라 건축 시장에서 프리스트레스트 콘크리트 구조의 적용은 해외에서 만큼 활발하지 않았고, 현재도 그러한 것이 사실이다. 이는 협소한 공간이 요구되는 건축물이 다수를 차지하고 도심 내에서 대지가 협소한 우리나라에서 일반 철근콘크리트 구조만으로도 대부분의 상황을 해결할 수 있었기 때문이다. 그러나 한편으로는 기술 부족과 변화에 대한 두려움, 그리고 기술축적의 의지 부족 때문이기도 하다. 최근 장경간을 필요로 하는 건축물이나 기둥 열을 1~2열 제거해야 할 필요성이 있는 건축물의 수요가 증가하고 있고, 건물의 총 높이제한이나 에너지 절감 등의 이유로 동일 사용층고를 유지하면서 층고를 줄여야 하는 상황이 빈번하게 발생하고 있다. 뿐만 아니라 기존 철근콘크리트 바닥판의 경우 심각한 장기처짐의 하자가 자주 발생하는데, 이는 사용성 측면이 소비자에게 더욱 부각되는 시대에서 적극적으로 대응해야 하는 문제이다. 이러한 건축적인 요구들은 모두 프리스트레스를 적용하여 해결이 가능하다. 또한 공기단축 및 부재의 슬림화 등 경제적인 측면에서도 장점이 있는 것이 바로 프리스트레스 공법이다. 한편, 국내외 플랜트 시장에서도 안전성 및 시공성의 이유로 프리캐스트 공법과 포스트텐션 공법의 사용이 급증하고 있다. 동일 형태의 골조가 다량으로 쓰이는 파이프 랙 플랜트 시장에서 공기단축과 재료비 절감의 장점을 가지고 있는 프리캐스트 공법이 각광을 받고 있다. 인건비의 부담은 적은 반면 재료비 절감 및 공기단축이 보다 중요한 해외 시장에서 특히 그러하다.

금번 실무지침에서는 지난 『건축 포스트텐션 시스템』에서 다루지 못한 내용 위주로 집필하였다. 비부착 텐던 시방과 같이 금번에 포함되지 못한 부분은 다음번 실무지침에서 다룰 예정이다. 지난 20년 이상 축적된 연구 자료가 금번 실무지침 집필에 유용하게 쓰였다. 그럼에도 불구하고 비부착 및 부착 방식 포스트텐션 바닥판과 수직 부재에 대한 연구는 여전히 미진한 상황이다. 일반 철근콘크리트 부재 및 요소에 연구가 집중되는 것은 해외에서도 마찬가지 현상이다. 앞으로 국내 연구진이 세계적으로 주도해야 할 분야라고 생각한다. 그간 집필에 힘쓰신 삼성물산 건설부문 김용남 부장, 동양구조안전기술 박정우 실장, 대림산업 윤장근 과장, 토탈피에스 정기남 대표, 브이에스엘코리아 정은수 과장, 너른기술 최종인 부장의 아낌없는 재능기부에 감사드린다. 우리 프리스트레스트콘크리트위원회의 김지상 위원장 외 모든 위원들의 많은 조언에 감사드리며, 이 실무지침에 대하여 많은 고견을 주시고 격려를 해주신 김진근 전 학회장을 비롯한 실무지침편찬특별위원회와 발간물심의위원회의 모든 위원들께도 감사드린다. 마지막으로 검토위원이신 김상식 전 학회장과 김종호 사장께도 감사의 말씀을 올린다.

2014. 12.

프리스트레스트콘크리트위원회(KCI 105)

프리스트레스트 콘크리트 건축물과 플랜트 구조물의 설계 및 공법 집필위원장 강 현 구

집필위원

집필책임자	강현구(서울대학교)
집 필 위 원	김용남(삼성물산(주)건설부문), 박정우((주)동양구조안전기술) 윤장근(대림산업(주)), 정기남((주)토탈피에스 정은수(브이에스엘코리아(주), 최종인((주)너른기술)

검토위원

검 토 위 원	김상식(인하대학교), 김종호(창민우구조컨설탄트)

발간물심의위원회원

위 원 장	최재진(공주대학교)
위 원	윤석구(서울과기대), 최광호(남서울대학교), 배수호(안동대학교), 강석화(JNT INC) 강현구(서울대학교), 김강수(서울시립대학교), 최동욱(한경대학교), 이도형(배재대학교)

실무지침편찬특별위원회(2014.12 현재)

위 원 장	김진근(KAIST)
고 문	김상식(인하대학교), 정영수(중앙대학교), 정하선(한국콘크리트학회 공학연구소)
간 사	배수호(안동대학교)
위 원	김대중(삼성물산(주)건설부문), 김은겸(서울과학기술대학교) 김종호((주)창민우컨설탄트), 박홍근(서울대학교), 박홍기((주)태조엔지니어링) 서석구((주)서영엔지니어링), 신현목(성균관대학교), 연규석(강원대학교) 이광명(성균관대학교), 이재연(목원대학교), 정광량((주)동양구조안전기술) 최동욱(한경대학교), 한천구(청주대학교)

차 례

발간사 • 3
머리말 • 5

01 장 서론 • 11

02 장 포스트텐션 콘크리트 건축물의 최적 설계

2.1 포스트텐션 시스템의 바닥구조형식 • 18

2.2 용도별 평면계획 • 20
2.2.1 주거용 건물의 포스트텐션 시스템 적용 • 21
2.2.2 업무용 건물의 포스트텐션 시스템 적용 • 23

2.3 구조설계 및 시공에서 고려사항 • 25
2.3.1 구조설계에서 고려사항 • 25
2.3.2 시공에서 고려사항 • 28

03 장 정착구역 설계

3.1 일반사항 • 33
3.1.1 정착구역 설계의 목표 • 36

3.2 지압판 • 37
3.2.1 개요 • 37
3.2.2 기본 지압판 • 37

3.3 국소구역 • 40
3.3.1 개요 • 40
3.3.2 국소구역 설계 • 41

3.4 일반구역 • 43
3.4.1 일반구역의 크기 • 43
3.4.2 일반구역 설계 고려사항 • 44
3.4.3 일반구역 설계 • 46

04 장 포스트텐션 전이슬래브 설계

4.1 개요 • 51
4.2 포스트텐션 전이슬래브 시공 사례 • 53
4.2.1 Pacific Place Building • 53
4.2.2 Robinson Place Tower • 55
4.3 시공단계별 검토 • 56
4.3.1 전이층 시공단계 • 56
4.3.2 최상층 시공단계 • 56
4.4 포스트텐션 전이슬래브 설계 사례 • 59
4.4.1 대상 건물 개요 • 59
4.4.2 구조설계 일반사항 • 60
4.4.3 설계하중 입력 • 61
4.4.4 텐던 모델링 • 66
4.4.5 기둥 열 입력 • 67
4.4.6 유한요소해석 • 68
4.4.7 허용응력 검토 • 70
4.4.8 철근배근 설계 • 71
4.4.9 물량산출 및 경제성 분석 • 73

05 장 포스트텐션 와플 슬래브 설계

5.1 개요 • 75
5.2 포스트텐션 와플 슬래브 시공 사례 • 76
5.3 포스트텐션 와플 슬래브 설계 방법 • 79
5.3.1 와플 슬래브 모델링 • 79
5.3.2 와플 슬래브 계획 • 81
5.3.3 포스트텐션 계획 • 84

5.4 포스트텐션 와플 슬래브 설계 사례 • 85

5.4.1 대상건물 평면도 • 85
5.4.2 구조설계 일반사항 • 86
5.4.3 구조해석 모델링 • 86
5.4.4 설계하중 입력 • 88
5.4.5 텐던 모델링 • 88
5.4.6 기둥 열 입력 • 90
5.4.7 유한요소해석 및 결과 • 91
5.4.8 허용응력 및 배근 검토 • 92

06 장 주차장 · 물류센터의 프리스트레스트 PC 공법

6.1 개요 • 95

6.2 프리스트레스트 슬래브 공법별 특징 • 97

6.2.1 중공 PC 슬래브(Hollow Core Slab 또는 HCS) • 97
6.2.2 더블티 슬래브(Double Tee Slab 또는 DTS) 계열 • 98
6.2.3 역리브(Rib)형 슬래브(Multi Inverted Rib Slab 또는 MIR) • 100

6.3 적용 사례 • 101

6.3.1 공동주택 지하주차장 • 101
6.3.2 프리스트레스트 공법을 적용한 물류센터 • 105

07 장 건식 프리캐스트 모멘트 골조

7.1 개요 • 109

7.2 각 시스템별 공법의 특징 • 110

7.2.1 하이브리드 접합부 시스템 • 111
7.2.2 프리캐스트 볼트 접합부 시스템 • 113
7.2.3 하이브리드-프리캐스트 볼트 접합부 시스템 • 115
7.2.4 프리캐스트 이형강봉 접합부 시스템 • 117
7.2.5 프리텐션 연속보 시스템 • 118
7.2.6 TCY-gap 접합부 시스템 및 TCY 접합부 시스템 • 119
7.2.7 기타 특수한 접합부 • 121

7.3 구조설계 개념 • 122

08장 포스트텐션 저장 구조물

8.1 개요 • 127

8.2 분류 • 128

8.2.1 저장물 유형별 분류 • 128

8.2.2 구조물 형상별 분류 • 130

8.3 관련 규정 및 시방 • 132

8.3.1 사일로와 벙커 • 132

8.3.2 액화천연가스 저장탱크 • 132

8.4 사일로 • 133

8.4.1 개요 • 133

8.4.2 배근 및 상세 • 135

8.4.3 시공 • 138

8.5 액화천연가스 저장탱크 • 140

8.5.1 개요 • 140

8.5.2 설계하중 및 설계과정에서 고려사항 • 143

8.5.3 시공 • 144

09장 맺음말 • 149

참고문헌 • 150

제 1 장

서론

콘크리트에 선행압축을 주어 인장에 취약한 콘크리트의 성질을 보완하는 공법이 프리스트레스트 콘크리트(PSC) 공법으로 강연선, 강선, 강봉, 케이블, 와이어 등 인장에 강한 강재의 성질을 최대한 이용함으로써 압축에 강한 콘크리트의 성질을 극대화시킬 수 있다. PSC 공법은 20세기를 거쳐 21세기로 접어들면서 건설시장에서 필요한 기술로 자리 잡았다. 선행압축으로 콘크리트의 균열을 제어하고 콘크리트 자중에 의한 처짐을 건설 초기부터 제어하는 이 기술은 구조적 · 경제적인 관점에서 효율적인 시스템이다. 또한 강연선을 긴장하여 정착 또는 부착시키고 그 긴장력을 전달하는 매개체로 콘크리트를 활용하는 조합은 최상의 조합이 될 수 있다.

긴장재가 외부에 노출되면 시공 현장에서 위험요소를 내재하게 되는데, 긴장재를 콘크리트 내부로 삽입하면 보다 안전한 시공 현장을 만들 수 있으며 동시에 부재 춤이나 내부공간 측면에서도 효율적인 시스템이 될 수 있다. 정착구 주변에서 긴장력 전달 매개체로서의 콘크리트는 강한 지압강도 및 부착강도를 가지는 최적의 재료인 셈이다. 특히 콘크리트 내부에 삽입된 비부착 긴장재는 처짐이 크게 증가해도 변형률은 매우 적게 증가하므로 파단이 지연되고 부재의 일체성을 확보하는 주된 요소로 작용하는 바, 부재의 극한한계상태에서 정착구와 정착구 사이에서 연속된 비부착 텐던이 부재의 추락을 잡아주어 탁월한 붕괴방지 성능을 발휘하게 된다.

우리나라에서 PSC 공법은 장경간이 요구되는 교량공사에 집중되어 발전해 왔다. 토목 분야에서는 I형 거더, 바닥판, 박스거더 및 교각에 주로 사용되는 세그먼트, 그리고 사장교 등에 PSC 공법이 주로 적용된다. 토목 시장만큼은 아니지만 1980년대부터 건축 및 플랜트 시장에서도 프리스트레스트 콘크리트 공법이 적용되기 시작하면서 현재 큰 비중을 차지하고 있다. 우리나라의 PSC 공법은 프리캐스트 콘크리트(PC) 건식공법과 현장타설(CIP) 습식공법으로 나뉘어 건축·플랜트 맞춤형으로 고유하게 발전하여 왔는데, 이 두 공법은 상당한 유사점을 가지면서도 다른 공법이라 할 수 있다.

PC 공법은 물류센터, 상업용 빌딩, 지하주차장, 경기장, 공연장, 플랜트 구조물, 파이프 랙(pipe rack) 등 몇 개의 동일 요소가 반복될 때 빠른 시공을 위하여 선호되는 공법으로서 도심지가 많은 우리나라에서 공기단축 및 효율적인 공사를 위하여 건축·플랜트 시장에서 크게 선호되는 공법이다. 7장에서 소개할 프리캐스트 모멘트 골조를 제외하고 대부분 프리텐션(pre-tension) 공법이 적용되는데, 건축 구조에서는 프리텐션 PC 공법과 현장타설 공법을 접목하여 사용하는 것이 일반적이다. 현장타설 공법은 슬래브나 접합부 구역에서 토핑과 채움의 용도로 주로 사용된다.

반면 현장타설 PSC 공법에서는 포스트텐션(post-tension; PT)을 주로 적용한다. 건축물이 비정형의 평면을 가질 때 층고 절감효과가 극대화되는 포스트텐션 무량판 시스템이 주로 선호되며, 정형인 평면에서도 포스트텐션 1방향 보 시스템의 시공 사례가 늘고 있다. 더구나 철골 구조와 비교하여 층고가 절감되고 원가 면에서도 장점이 있기 때문에 상업용 건물과 주상복합 건물에 PT 공법을 적용하는 사례가 증가하는 추세이다. 무엇보다 운반이나 양중에 대한 부담이 없는 공법이다. 이와 같이 건축물에 적용하는 PT 공법은 PSC위원회의 또 다른 실무지침인 『건축 포스트텐션 시스템』(2013)에 자세히 소개되어 있다. 금번 실무지침에서는 이전에 소개하지 못한 설계요소, 즉 정착구역 설계, 전이슬래브 설계, 와플 슬래브 설계와 최적 설계 관점에서의 분석을 위주로 소개하였다. 플랜트 구조에서도 현장타설 습식 PT 공법이 빈번하게 사용되는데 사일로, 벙커, 액화천연가스 저장탱크 등의 플랜트 저장 구조물에서 특히 그러하다. 이 내용들은 금번 실무지침에서 다루었다.

이 실무지침에서는 기타 관련 서적에 이미 기술하고 있는 PSC 원리나 이론은 다루지 않으면서, 콘크리트구조기준에 있는 내용의 소개보다는 실무적으로 도움이 될 수 있는 내용 위주로 정리하고자 하였다. 또한 『건축 포스트텐션 시스템』(2013)과 같이

한 가지 공법에 대한 규정, 기술개발 동향, 설계, 재료, 장비, 시공 등의 내용을 순차적으로 기술한 실무지침과는 그 성격을 달리하는데, 건축 및 플랜트 구조 관련 프리텐션, 포스트텐션, 프리캐스트 등의 다양한 PSC 공법을 종합적으로 아우르며 전이슬래브, 와플 슬래브, 정착구역 설계, PT 최적 설계, 프리스트레스트 PC 설계, 플랜트 PC 골조 설계, 그리고 플랜트 저장 구조물 설계 등의 내용을 다양하게 기술하였다. 각 장에서 다루는 내용의 개요는 다음과 같다.

(1) 제 2장 포스트텐션 콘크리트 건축물의 최적 설계

이 실무지침의 2장에서는 한국콘크리트학회의 『건축 포스트텐션 시스템』(2013) 실무지침의 연장선상에서 포스트텐션 콘크리트 건축물의 최적 설계에 관하여 기술하였다. 모든 건물은 각기 다른 평면과 용도를 가지게 되는데, 이때 1방향 또는 2방향 포스트텐션 시스템의 바닥구조 형식을 선택할 때 경제적인 측면과 내부공간 사용의 효율성 측면을 동시에 고려하여 여러 가지 대안의 최적 설계가 이루어져야 한다. 이 장에서는 이러한 최적 설계과정에서 도움이 될 수 있는 실무지침을 소개한다. 뿐만 아니라 구조설계 및 시공에서의 고려 사항을 실무지침의 일부로 제시한다.

(2) 제 3장 정착구역 설계

이 실무지침의 3장에서는 『건축 포스트텐션 시스템』(2013) 실무지침에서 다루어지지 않은 정착구역의 설계지침을 제시하였다. 정착구역은 PSC 구조에서 중요한 힘의 전달경로이므로 관련 설계는 아무리 강조해도 지나치지 않는다. 이 장에서는 기본 지압판과 국소구역 및 일반구역의 설계 방법, 그리고 간략한 이론 배경을 기술한다. 단, 콘크리트구조기준 등에서 충분히 다루어진 프리텐션 시스템의 전달길이 등 강연선의 부착과 관련된 부분은 다루지 않았으며, 건축에서 주로 사용되는 비부착 방식을 적용하는 포스트텐션 시스템의 정착구역에 대해서 주로 다루고 있다.

(3) 제 4장 포스트텐션 전이슬래브 설계

이 실무지침의 4장에서는 역시 『건축 포스트텐션 시스템』(2013) 실무지침에서 다루어지지 않은 포스트텐션 전이슬래브의 설계 방법 및 설계 예시를 제시하였다. 특히 포스트텐션 전이슬래브의 국내 시공 사례는 여러 차례 있음에도 불구하고 구조설계 및 공법에 대한 기준이나 시방서는 존재하지 않는다. 따라서 이 실무지침이 유용한 자료가 될 수 있을 것이다.

(4) 제 5장 포스트텐션 와플 슬래브 설계

이 실무지침의 5장에서는 국내에서 적용된 적은 있지만 시공 사례가 많지 않은 포스트텐션 와플 슬래브의 설계 방법 및 설계를 제시하였다. 국내에서는 와플 슬래브와 유사한 시스템인 중공슬래브의 시공 사례가 많은데, 이 역시 주로 철근콘크리트 시스템의 사례가 대부분이다. 이 실무지침은 포스트텐션 와플 슬래브 시스템과 포스트텐션 중공슬래브 시스템에 모두 적용할 수 있을 것이다. 비교적 해외의 시공 사례가 많고 국내에서도 적용된 적이 있는 만큼 상용화 가능성은 열려 있다고 할 수 있다.

(5) 제 6장 주차장 · 물류센터의 프리스트레스트 PC 공법

이 실무지침의 6장에서는 국내에서 활발하게 적용되는 프리스트레스트 프리캐스트 콘크리트(PC) 공법에 대하여 기술하였다. 프리스트레스트 PC 공법은 장경간이 사용되며 동일 부재요소가 반복되는 주차장 및 물류센터에 적합한 시스템으로써, 현재 국내에서는 각 PC 공장을 중심으로 독특한 형상을 갖는 각 社의 제품이 사용되고 있다. 이 공법은 방대한 주제인 만큼 이 장에서는 간략한 개요 및 각 공법별 특징 위주로 소개한다.

(6) 제 7장 건식 프리캐스트 모멘트 골조

이 실무지침의 7장에서는 국내뿐만 아니라 해외에서도 적용이 활발하지 않았던 완전건식 프리캐스트 모멘트 골조에 대하여 기술하였다. 미국을 중심으로 최근 20년간 연구가 활발하게 진행되었고, 그 연구를 바탕으로 시공 사례가 늘고 있다. 최근 국내 업체도 이 공법을 적용하여 인도네시아와 태국에서 플랜트 구조물을 설계 및 시공하였는데, 공기단축 면에서 극대화될 수 있는 시스템이기 때문에 앞으로 특히 플랜트 구조물에서 활발히 적용될 가능성이 크다고 할 수 있다.

(7) 제 8장 포스트텐션 저장 구조물

이 실무지침의 8장에서는 포스트텐션 저장 구조물에 대한 내용으로 저수조, 하수조,

사일로, 액화천연가스, 액화석유가스 저장탱크와 같은 플랜트 구조물의 대표적인 유형, 형상 및 특징을 소개하였다. 특히 포스트텐션 원형 저장 구조물의 대표적인 형태인 사일로와 액화천연가스 저장탱크의 구조설계 및 시공에 대하여 시공 사례와 함께 기술하고 있다. 측압이 크게 작용하는 저장 구조물의 특징상 포스트텐션의 적용은 중요하다.

제 2 장

포스트텐션 콘크리트 건축물의 최적 설계

포스트텐션 시스템은 여러 면에서 장점을 지니고 있고 해외에서는 검증된 구조 시스템이지만(Hawkins, 1981, Kang and Wallace, 2005, 2006, 2008; Klemencic 등 2006; Kang 등 2008; Hufnagel and Kang, 2012; Bondy, 2012; Kang and Huang, 2012, 2013; Backel and Kang, 2014), 국내에서는 최근 들어 관심을 받고 있다. 그럼에도 불구하고 국내 건축시장에서는 아직까지 일반 철근콘크리트 구조 또는 철골 구조가 주요 구조 시스템으로 우선시되고 있으며 포스트텐션 시스템이 선택되는 경우는 많지 않다.

구조 시스템을 선정할 때 건축주 또는 건설사에서 가장 중요시하는 부분은 공사비와 공기이며, 이를 바탕으로 국내에서는 주거용 건물은 철근콘크리트 구조, 업무용 건물은 철골 구조라는 고정 관념이 일반적인 상식으로 받아들여지고 있다. 그러나 포스트텐션 시스템은 철근콘크리트 및 철골 구조에 비해 다양한 장점을 가지며 통상적으로 알려져 있는 장경간뿐만 아니라 다양한 경간에 적용 가능하다. 여기에서는 포스트텐션 시스템을 주거 및 업무용 건물에 적용할 경우 평면계획과 설계 및 시공 중 고려해야 할 사항에 대하여 기술하였다.

2.1 포스트텐션 시스템의 바닥구조형식

일반적으로 포스트텐션 시스템은 다른 구조형식에 비해 장경간 평면을 형성할 수 있다. 표 2.1과 2.2에 포스트텐션 시스템에서 일반적으로 적용되는 1방향 및 2방향 바닥구조형식과 이에 대한 특징을 나타냈다(PTI, 2006, 2011).

표 2.1의 1-A는 미국 포스트텐션 주차장의 가장 일반적인 시스템으로 18~20m 경간 사이에 주차구역 2개와 통로를 배치하는 형식이다. 포스트텐션 슬래브를 적용함으로써 보를 제거하여 거푸집 작업량을 줄이는 장점이 있지만 지하주차장이 일반적인 국내 주차장에는 그대로 적용하기 어려운 시스템이다. 1-B는 일반 철근콘크리트 골조형식과 동일한 것으로 슬래브, 보, 거더 모두 또는 일부만 포스트텐션을 적용하는 것이 가능하다. 1-A와 1-B는 슬래브 경간의 차이로 결정되며 평면 형상 및 작용 하중에 따라 1-B에서 슬래브를 철근콘크리트로 설계하고 골조에만 포스트텐션을 적용하는 것이 경제적일 경우도 있다. 그리고 골조 중 보를 지지하는 거더를 철근콘크리트로 설계하는 것도 공사비를 절감하는 방안이 될 수 있다. 1-C는 층고제한에 의해 구조체 높이

표 2.1 1방향 포스트텐션 시스템

구분		형상	적정 경간	특징
1-A	1방향 슬래브+보		슬래브 : 4.5~9m 보 : 15~20m	- 미국 주차장 건물의 일반적인 형식 - 거푸집 작업량 절감
1-B	보+거더	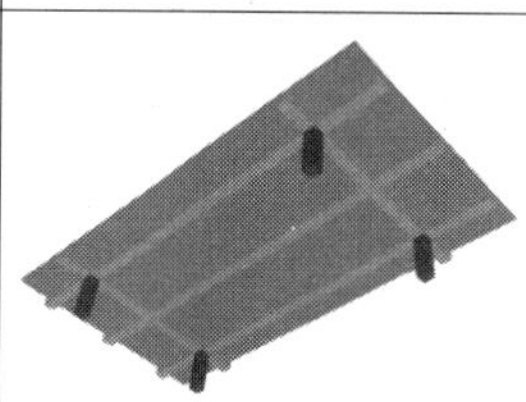	슬래브 : 4~6m 보 : 15~20m	- 철근콘크리트와 포스트텐션 혼용 가능 - 텐던양 절감
1-C	1방향 슬래브+넓은 보		슬래브 : 5.5~7.5m 보 : 8~12m	- 장경간과 단경간의 중간 영역에 적합 - 층고 절감

를 낮추어야 하는 경우에 적합하며, 일반적으로 1-A에 비해서 경제적 효율성이 낮다.

표 2.2의 2-A는 포스트텐션 시스템의 장점이 가장 명확하게 드러나는 구조형식으로 8~9m 경간에서 효율성이 높다. 경간 8~9m의 경우 철근콘크리트 플랫 플레이트의 경우 슬래브 두께가 두꺼워져서 자중 및 철근량이 증가하고 철근콘크리트 골조를 적용할 경우에는 층고가 증가하는 단점이 있다. 이에 비해 2-A는 보가 없이 철근콘크리트

표 2.2 2방향 포스트텐션 시스템

구분		형상	적정 경간	특징
2–A	플랫 플레이트	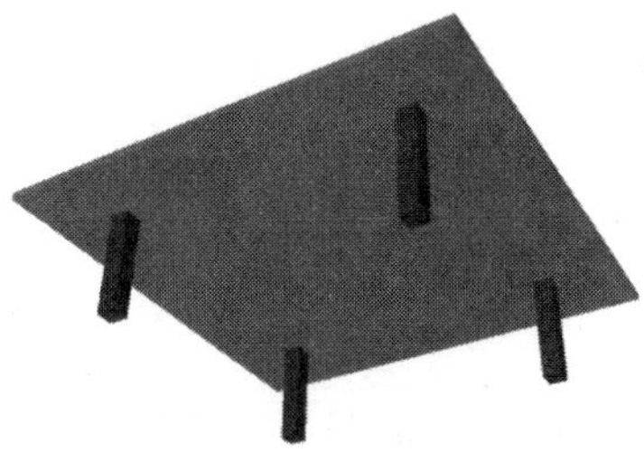	6~9m	– 비정형 평면에 유리 – 장경간에 적용할 때 처짐 증가 – 층고 및 거푸집 작업량 최소화
2–B	플랫 슬래브 (기둥머리)		8~11m	– 기둥머리에 의한 전단 보강 – 기둥머리의 휨에 대한 기여도는 낮음 – 층고 절감
2–C	플랫 슬래브 (지판)	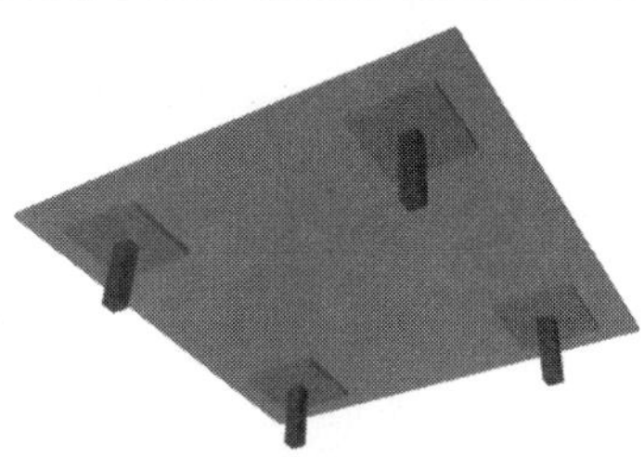	9~12m	– 지판에 의한 전단 및 처짐 보강 – 텐던 및 휨 철근량 절감 – 층고 절감
2–D	플랫 슬래브 (슬래브 밴드)		8~14m	– 슬래브 밴드에 의한 강성 증가 – 2방향 거동 특성 유지 – 층고 절감

플랫 슬래브에 비해 얇은 슬래브로 설계가 가능하기 때문에 층고 절감, 거푸집 단순화, 철근량 절감 등의 다양한 장점이 있다. 그러나 10m 이상의 경간에서는 포스트텐션 시스템을 적용하더라도 전단 및 처짐에 의해 슬래브 두께가 증가하기 때문에 2-B 또는 2-C를 적용하는 것이 합리적이다. 2-B와 2-C는 2-A와 유사한 시스템으로, 2-B는 기둥머리를 사용하여 전단성능을 보강한 것이고 2-C는 지판을 적용하여 전단 및 처짐 성능을 보완한 형식이다. 두 형식 모두 기둥부분에만 보강되어 있기 때문에 전체 층고에는 영향을 주지 않아 철근콘크리트 구조에 비해 층고 절감효과를 기대할 수 있다. 2-D는 형상면에서 1-C와 유사한 형식으로 층고 절감면에서 유리하다.

표 2.1의 1-C는 넓은 보가 사용되긴 하나 슬래브에 비해 보 깊이가 커서 슬래브에서 보로 하중이 전달되는 1방향 거동 특성이 나타나는 데 반해 표 2.2 2-D의 슬래브 밴드는 넓은 보에 비해 깊이가 작고 넓은 형태를 나타내어 2방향 거동을 한다. 이 경우 슬래브 밴드는 2방향 슬래브 규정에 따라 배근하며 스터럽이 불필요하다. 따라서 2-D를 적용할 경우 슬래브와 슬래브 밴드의 강성차가 크지 않게 하는 것이 중요하다.

앞서 살펴본 포스트텐션 1방향 및 2방향 구조형식은 대부분의 경우 철근콘크리트 구조물에 비해 콘크리트양은 약 20~30%, 철근량은 30~50% 이상 절감할 수 있다. 텐던양은 평면 형상 및 하중에 따라 변동폭이 큰 편이다. 일반적으로 1방향과 2방향 슬래브에 포스트텐션이 적용된 경우는 각각 2kg/m^2와 6kg/m^2가 통상적이며, 보와 슬래브에 모두 적용된 경우는 5~9kg/m^2 또는 그 이상이 요구되는 경우도 설계조건에 따라 발생한다.

위에서 살펴본 바와 같이 포스트텐션 시스템에 적용 가능한 구조형식은 철근콘크리트 구조와 거의 동일하며 구조체 크기와 철근 물량을 줄이고 구조적 성능을 개선시키는 장점이 있다.

2.2 용도별 평면계획

이 절에서는 주거용 및 업무용 건물에 적용 가능한 포스트텐션 구조형식과 특징에 대해 기술한다.

2.2.1 주거용 건물의 포스트텐션 시스템 적용

국내 주거용 건물의 평면 형상은 크게 두 가지로 구분된다. 하나는 일반적으로 아파트로 불리는 공동주택이며 다른 하나는 저층부를 상업시설로 계획하는 주상복합이다. 주상복합은 철근콘크리트 플랫 슬래브로 계획하는 것이 일반적이며 공동주택 또한 최근 들어 내부에 벽체가 없는 기둥식으로 설계되는 추세이다.

공동주택의 대표적인 형상은 그림 2.1, 2.2와 같으며 내부 기둥이 존재하고 평균 경간은 4~6m로 두께 210mm의 철근콘크리트 슬래브로 설계한다. 이때 배근하는 철근량은 평형에 따라 다르지만 기준층의 경우 약 10kg/m^2 초반을 슬래브에 배근한다. 이는 양방향 상하부 각각 D10@250(=11.2kg/m^2)과 유사한 양이다. 동일한 평면에 포스트텐션을 적용할 경우 층간소음 규정에 의해 슬래브 두께는 210mm 이상을 확보해야 한다. 그리고 KBC 2009 0509.8.2.(2)에 따라 평균 선행압축응력 0.9MPa을 확보하기 위해서는 직경 12.7mm 텐던을 약 600mm 간격으로 양방향 배치해야 한다. 단, ACI 318-11의 R18.12.4에 근거하여 일반 철근콘크리트 슬래브로 뚫림전단 내력을 평가했을 때에는 0.9MPa을 준수하지 않을 수도 있으나 이는 설계자의 판단에 맡긴다. 이때 직경 12.7mm의 유효긴장력은 119kN으로 가정하였다. 이 경우 텐던양은 약 2.9kg/m^{2}가 산정되는데, 이는 앞서 언급한 철근량(10kg/m^2 초반)의 약 20~30%에 해당한다. 국내 포스트텐션 공사비가 일반적으로 철근 공사비의 5배가량 되는 것을 고려할 때, 이와 같은 평면 형태에서는 포스트텐션 시스템이 비경제적이다.

국내 포스트텐션 공사비가 향후 제품가의 하락으로 2014년과 비교하여 낮아질 가능

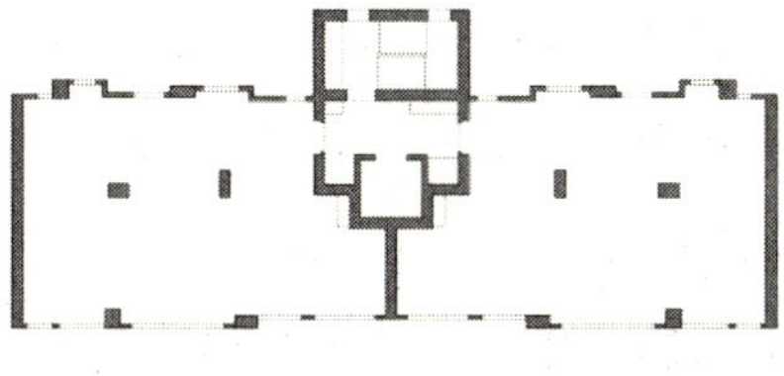

그림 2.1 **판상형 공동주택 평면 사례**

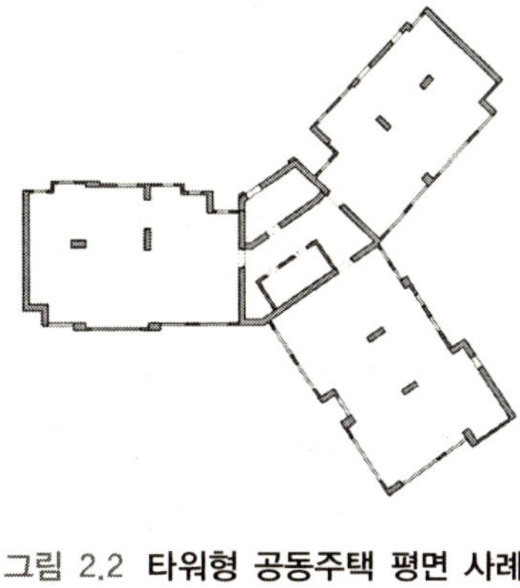

그림 2.2 **타워형 공동주택 평면 사례**

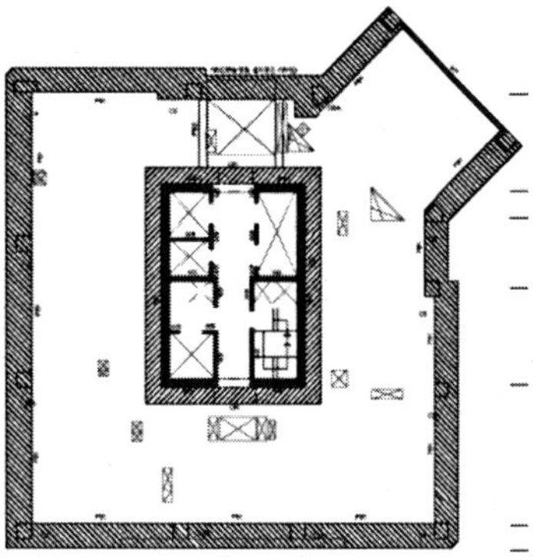

그림 2.3 **주상복합 평면 사례-1**

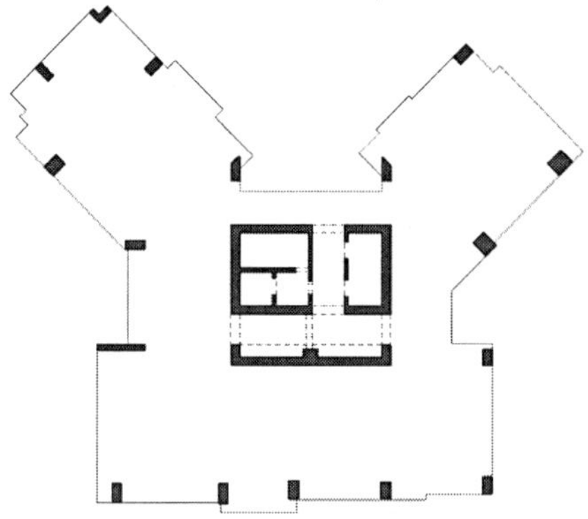

그림 2.4 **주상복합 평면 사례-2**

성은 있다. 내부 기둥을 삭제하고 장경간을 구현할 경우 경간이 9~10m 이상 되기 때문에 슬래브 두께가 증가하게 되어 수직재의 크기 및 횡력에 대한 보강량이 증가하여 내부 기둥이 존재하는 철근콘크리트 구조에 비해 공사비가 증가한다. 단위세대면적 100m^2 이상에서는 이러한 경향이 완화되어 철근콘크리트 구조와 포스트텐션 시스템 간의 차이가 거의 없게 된다. 하지만 내부 기둥은 철근콘크리트 구조의 한계에 의해 형성된 것이고 공간 활용도에 있어서 제약이 발생하기 때문에 포스트텐션 시스템을 활용하는 구조설계는 필요하다. 다만, 내부 기둥의 제거로 공간 효율성을 향상시킨다 해도 공사비 측면에서는 현재로써 절감효과가 크지 않을 뿐이다.

주상복합의 대표적인 형상은 그림 2.3, 2.4와 같으며 경간은 7~8m가 일반적이다. 주상복합은 저층부를 상업시설로 활용하기 때문에 건축설계를 하는 입장에서는 가급적 장경간을 선호한다. 이를 해결하기 위해 기준층 슬래브 두께를 300mm 내외로 적용하는데, 이때 건물 자중이 증가한다. 또 다른 방법으로 기준층은 슬래브 두께를 최소화하는 방향으로 기둥을 배치하고 저층부에 전이층을 형성하는 방안도 적용되고 있다. 그러나 두 가지 방안 모두 골조 공사비를 증가시키는 주요 원인이며, 이는 장경간 구조에 불리한 철근콘크리트 플랫 슬래브의 근본적인 문제점에 기인한다. 주상복합의 경우 포스트텐션 시스템은 이러한 문제점을 해결하기 위한 효율적인 대안이다. 철근콘크리트 플랫 슬래브에 비해 슬래브 두께를 줄이거나 동일한 슬래브 두께로 경간을 1~2m 증가시키면서 경제성은 철근콘크리트 구조와 동일하거나 소폭 낮은 수준으로 확보할 수 있다. 이 경우 일반적인 텐던양은 3~5kg/m^{2}이고 철근량은 10~15kg/m^2 정도이며 철근콘크리트 대비 95% 내외의 공사비가 소요된다. 앞서 언급하였듯이 향후 정착구 등 제품가의 하락으로 2014년 대비 포스트텐션 공사비는 다소 감소할 전망이다. 이때 철근량은 배근방식에 따라 보다 큰 편차를 나타내기도 한다.

주거용 건물의 경우 대부분 경간이 9m 이하이기 때문에 표 2.2의 2-A를 적용하는 것이 효율적이다. 평면 형상에 따라 일부 영역에 2-B 또는 2-C를 적용할 수도 있다. 건물 테두리를 따라 넓은 보 또는 슬래브 밴드를 적용하여 전단 및 휨 성능을 개선할 수도 있지만 주거용 건물의 특성상 기둥열과 슬래브 라인이 불규칙한 경우가 많기 때문에 구조적 효율이 떨어질 확률이 높다. 그리고 테두리 보나 슬래브 밴드와 비교하여 2-B 또는 2-C의 경우 기둥머리 또는 지판 옆으로 설비배관들이 배치될 수 있기 때문에 층고 절감에 보다 유리하다.

슬래브 두께는 경간의 1/40이 초기 설계값으로 적절하다. 해외에서는 l/45을 적정값으로 제시하기도 하지만 해외에 비해 마감하중이 큰 국내 현실을 고려할 때 l/45을 적용할 경우 텐던양과 전단보강량이 증가하기 쉽다. 포스트텐션 구조의 뚫림 전단강도는 철근콘크리트 구조에 비해 높지만 외부 기둥의 경우 KBC-09 0507.7.12.2.(4)에 따라 철근콘크리트 구조와 동일한 내력으로 평가되어야 한다.

2.2.2 업무용 건물의 포스트텐션 시스템 적용

업무용 건물은 주거용 건물에 비해 보다 넓은 경간을 가지는 것이 일반적이다. 10~15m 경간이 대부분이고 일부 15m를 초과하는 경우도 존재한다. 업무용 건물은 코어에서 각 방향으로 한 경간씩 계획되는 평면을 가진다. 그림 2.5~2.8은 업무용 건물

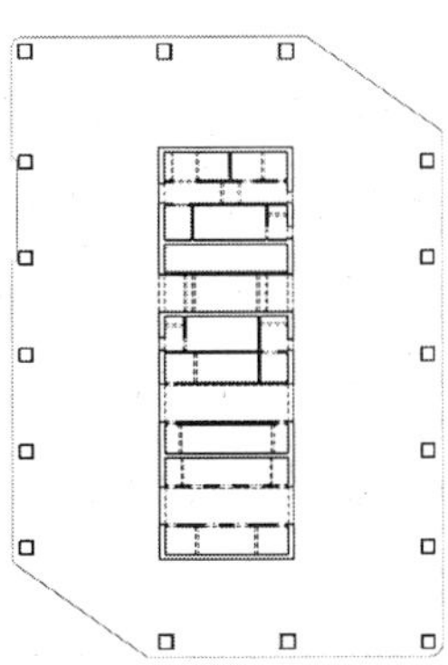

그림 2.5 **업무용 건물 평면 사례-1**

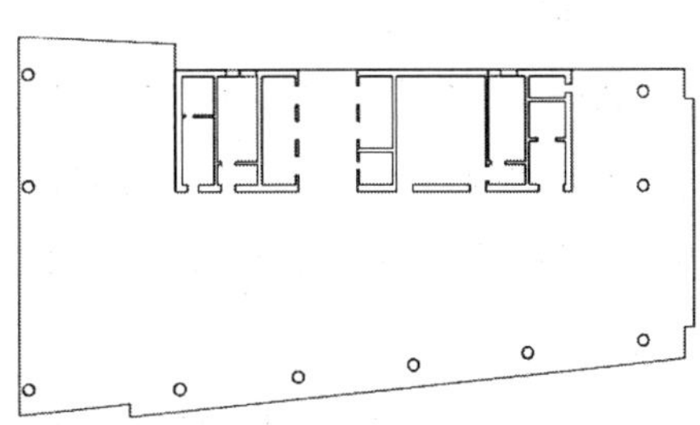

그림 2.6 **업무용 건물 평면 사례-2**

그림 2.7 **내부 보가 없는 업무용 건물의 시공 사례(국내)**

그림 2.8 **내부 보가 없는 업무용 건물의 시공 사례(해외)**

의 예를 보여준다.

업무용 건물의 경우 모듈이 규칙적인 형태가 많기 때문에 1방향과 2방향 구조 모두 적용하기에 용이하다. 단, 표 2.1의 1-A와 1-B는 외부 기둥과 코어를 연결하는 보가 설치되기 때문에 설비배관과 간섭이 발생하여 층고 측면에서 다른 구조형식에 비해 불리하다. 따라서 이와 같은 형식은 경간이 13~15m 이상이거나 하중이 큰 경우(아파트형 공장 등)에 적합하다. 표 2.2의 2-A는 업무용 건물의 경간을 지지하기에는 슬래브 두께가 지나치게 두꺼워지기 때문에 바람직하지 않으며, 뚫림전단뿐만 아니라 휨에 의해서도 설계가 지배되기 때문에 2-B보다는 2-C가 바람직하다. 표 2.2 2-C의 경우 필요한 곳에만 지판을 설치하여 구조적 효율성을 높일 수 있지만 지판 거푸집 설치가 번거롭기 때문에 국내 건설사에서는 기피하는 형식이다. 또한 횡력 저항요소로 테두리 보를 설치해야 하는 경우도 있기 때문에 지판과 테두리 보가 중복 설치되는 단점도 있다.

따라서 10~13m 경간의 경우 1-C 또는 2-D의 방식이 합리적이며, 이때 넓은 보 또는 슬래브 밴드는 건물 테두리를 따라서 배치한다. 이때 테두리를 따라 설치되는 1방향 또는 2방향 구조체의 깊이는 설계자가 적용할 원칙에 따라 선택해야 한다. 이러한 구조형식에서 통상적으로 합리적인 슬래브 두께는 250mm 내외이며 이보다 두꺼운 슬래브를 적용할 경우 연직하중 및 지진하중 증가에 의해 수직재 설계가 영향을 받는 경향이 있다.

설계한 슬래브 두께가 목표값보다 두꺼운 경우 다음의 방안을 적용하여 두께를 절감할 수 있다.

첫 번째는 외주 기둥을 내부로 옮겨 캔틸레버를 형성하는 것으로, 이 경우 캔틸레버와 내부 경간의 상호 작용에 의해 보다 얇은 두께로 장경간을 지지할 수 있다. 두 번째는 코어벽체 측면에 지판을 설치하는 것으로, 이 경우 휨성능의 향상을 기대할 수 있으며 첫 번째 방법과 함께 적용하여도 무방하다.

이러한 바닥구조형식으로 설계하는 경우 동일한 평면의 철골 구조물에 비해 층당 약 400~600mm의 층고 절감이 가능하며, 이는 전체 건물높이를 낮추어서 수직재의 보강량을 감소시키거나 제한된 건물높이 내에서 층수를 추가할 수 있다는 것을 의미한다. 이것이 가능한 이유는 설비배관들이 내부 경간 슬래브 하부를 따라 설치되어 테두리 및 코어에 보강되는 구조체가 층고에 영향을 끼치지 않기 때문이다. 골조 공사비와 층고 절감에 의한 마감재 공사비를 고려하면 철골 구조 대비 포스트텐션 시스템의 공사비는 약 70~80%이며 철골 구조의 추가적인 공기단축 가능성을 고려하더라도 포스트텐션 시스템의 경쟁력이 높다는 것을 알 수 있다.

2.3 구조설계 및 시공에서 고려사항

2.3.1 구조설계에서 고려사항

1) 개구부계획

포스트텐션 슬래브는 주열대 및 중간대의 구분이 없기 때문에 설계자의 판단 및 해석 결과에 따라 개구부 허용 여부를 결정한다. 기본적인 원칙은 일반 철근콘크리트 슬래브의 개구부 허용기준을 따르면 큰 문제가 없으나 텐던 배치에 따라 개구부 또는 슬리브 배치가 영향을 받는 경우가 발생한다. 집중배치의 경우 그림 2.9와 같이 여러 다발의 강연선이 다발을 이루어 기둥 주변에 배치되며 슬래브 단부에서는 긴장 정착구 형성을 위해 폭이 다소 증가한다.

그림 2.9 **집중배치 텐던**

그림 2.10 **분산배치 텐던과 슬리브**

이와 같은 집중배치 텐던과 개구부가 간섭될 경우 텐던을 수평으로 휘어서 배치하는 것도 가능하나 집중배치의 경우 텐던수가 많고 다발로 배치되기 때문에 시공상 어려움이 발생하기 쉽다. 따라서 건축계획 단계에서 가급적 기둥열에는 개구부를 배치하지 않도록 하며, 개구부 설치가 불가피한 경우에는 건축구조기술사 및 포스트텐션 전문가와 협의를 통해 위치 및 형상을 정해야 한다.

반면에 분산배치 방향에서 그림 2.10과 같이 개구부와 간섭이 발생할 경우 텐던을 수평으로 휘어서 비교적 쉽게 배치하거나 이동시킬 수 있다. 그리고 슬리브 사이의 공간을 통해서도 텐던 배치가 가능하기 때문에 개구부는 가급적 슬리브로 계획하는 것이 구조적 성능 및 시공성 측면에서 유리하다. 정착구 인근에 개구부 또는 슬리브가 배치될 경우 긴장력에 의한 압력을 견딜 수 있도록 해당 구간을 보강하는 것이 바람직하다. 개구부 및 슬리브에 대한 보강 상세는 한국콘크리트학회의 『건축 포스트텐션 시스템』(2013)을 참고한다.

2) 인접 구조와 관계

포스트텐션 구조는 일반적으로 건물 최외곽면에서 긴장력을 도입한다. 해당 평면 전체를 포스트텐션으로 설계하는 경우에는 문제가 발생할 부분이 없지만 평면 중 내부 경간 일부 구간에만 포스트텐션을 적용하는 경우와 포스트텐션 구조에 다른 구조체가 접합되어 시공되는 경우에는 시공성을 고려한 설계가 이루어져야 한다. 그림 2.11은 포스트텐션 구조가 적용된 타워에 철골 구조 포디움이 접합된 사례이다. 이와 같은 경우 긴장정착구와 철골보 접합부의 간섭이 발생할 수 있기 때문에 이를 고려한 텐던 배치를 수행해야 한다.

그림 2.11 **포스트텐션 구조와 철골 구조의 접합**

평면 중 장경간 구간 일부분에만 포스트텐션을 적용하는 경우도 빈번하게 발생한다. 장경간 구간이 외부면에 접하는 경우는 시공상 문제가 없으나 모든 면이 내부 경간에 위치하는 경우에는 시공단계를 고려하여 설계해야 한다.

이외에도 인접 구조물의 강성에 의해 긴장력 도입이 저하될 우려가 있는 경우, 벽체 등에 막혀 긴장작업이 불가능한 경우, 공정상 부득이하게 구역을 나누어서 시공해야 하는 경우 등 다양한 원인에 의해 텐던이 연속되지 못하는 상황이 발생할 수 있다. 이러한 때에는 그림 2.12와 같이 후타설 구간을 계획하는 것이 해결책이 될 수 있다.

그림 2.12 **후타설 구간 시공 사례(미국)**

3) 내화 콘크리트 피복 관계

현재 콘크리트구조기준-12와 KBC-09에서는 PS 강연선에 대한 내화 콘크리트 피복 기준을 제시하지 않았다. 따라서 국내 실무에서는 IBC(International Building Code)-12에서 제시하는 내화시간별 콘크리트 피복 기준을 따르고 있다. IBC-12에서도 콘크리트 피복에 대해 부착방식과 비부착방식을 구분하고 있지는 않다. 그러나 부착방식의 경우 강연선과 충진 모르타르가 일체화 되어 있기 때문에 화재에 의해 일부 구간의 강연선이 손상되더라도 다른 구간의 강연선은 부착 상태를 유지하고 있다는 장점이 있다.

2.3.2 시공에서 고려사항

1) 매립물과의 간섭

슬래브에는 다양한 설비배관들이 매립되는 것이 일반적이다(그림 2.13). 이러한 매립물들은 대부분 상하부 철근 사이, 즉 슬래브 중앙부에 위치하기 때문에 텐던 곡률과 간섭이 되는 경우가 빈번히 발생한다. 매립물의 이동이 불가능할 때에는 텐던 곡률이 수정되어야 하며, 이때 국부적으로 급격한 곡률이 발생하지 않도록 주의한다. 이를 위해서는 간섭 부위를 기준으로 양방향 1~2개 지점의 텐던높이를 함께 조절하는 것이 바람직하다. 변경된 텐던높이가 포스트텐션 구조 일반사항에서 규정한 시공 오

그림 2.13 **포스트텐션 슬래브의 매립물**

차 범위를 초과할 경우 구조설계자의 확인을 받아야 한다. 매립물 인근에 정착구가 위치한 경우 긴장력에 의해 매립물이 손상되거나 지압력 부족으로 정착구 위치가 이탈될 수 있기 때문에 주의가 요구된다.

2) 거푸집 및 서포트계획

북미, 유럽, 호주 등에서는 포스트텐션 구조가 널리 사용되고 있으며 그중 플랫 슬래브를 다층 구조물에 적용하는 비중이 높다. 그리고 국내 주거용 건물처럼 외벽을 현장타설 콘크리트 벽체로 둘러싸는 경우가 매우 드물기 때문에 테이블폼 형태의 바닥 거푸집 위주로 공사가 진행된다(그림 2.14). 특히 미국 강진지역에서도 마찬가지로 플라잉폼이 일반적으로 사용되고 있다(그림 2.15). 이와 같은 형태의 거푸집을 사용하는 경우는 외부로 돌출된 거푸집 바닥판에서 긴장작업 등 슬래브 단부에서 이루어져야 하는 작업을 수행할 수 있다.

그림 2.14 **테이블폼 적용 시공 사례(미국)**

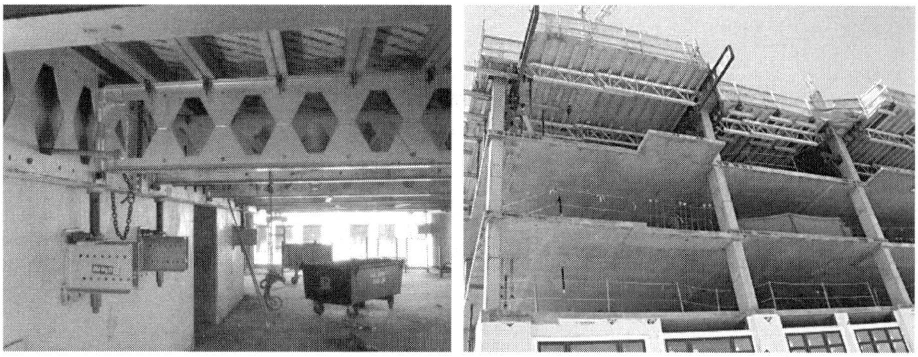

그림 2.15 **플라잉폼 적용 시공 사례(미국)**

그림 2.16 **갱폼 적용 시공 사례(국내)**

그림 2.17 **갱폼 천공 시공 사례(국내)**

국내에서는 외부 콘크리트 벽체 위주로 거푸집 시스템이 이루어져서 그림 2.16와 같이 외부 벽체 거푸집과 외부 발판이 일체로 제작된 갱폼이 대부분의 현장에 적용되고 있다. 이 경우 포스트텐션 긴장단과 갱폼 간의 간섭이 발생하여 시공성이 저하되는 단점이 있는데, 이를 해결하기 위해 갱폼을 천공하여 긴장단을 설치하는 방법이 적용된다(그림 2.17).

테이블폼을 적용한 경우 긴장작업이 완료된 층의 거푸집은 해체하여 상부층으로 이동한다. 그러나 갱폼의 경우 긴장작업이 작업발판에서 이루어져야 하며 작업발판은 외부 벽체 거푸집 하부에 설치되기 때문에 거푸집을 해체할 때 긴장작업이 그 전에 완료되기는 어렵다. 이러한 경우에 긴장되지 않은 상태의 포스트텐션 슬래브와 긴장된 포스트텐션 슬래브가 같이 하중을 지지하기 때문에 서포트 존치계획에서 보다 면밀한 검토가 필요하다. 반면 플라잉폼은 거푸집이 기둥 또는 벽체에 고정되어 해당 층의 하중을 바로 수직재로 전달하기 때문에 하부층 슬래브로 전달되는 하중이 존재하지 않는다. 이 때문에 서포트 재존치(re-shoring) 층수를 최소화할 수 있다.

3) 긴장력 도입 시점

포스트텐션 구조에 긴장력을 도입하기 위해서는 콘크리트의 적정 강도가 확보되어야 한다. 각종 기준 및 시방서별로 긴장력을 도입할 때의 최소 필요 강도에 대해 다양한 값을 제시하고 있지만, 통상적으로 21~27MPa이 적용되며 보의 경우 설계 콘크리트 강도의 70~80%, 그리고 슬래브의 경우 75~80%를 사용하는 전문업체도 있다. 이 실무지침에서는 포스트텐션 제조 및 설치업체의 특기시방서에서 요구하는 강도와 구조설계자가 가정한 최소 강도가 우선함을 밝힌다. 필요 콘크리트 강도가 확보되어야만 긴장작업을 수행할 수 있으며 최소 콘크리트 필요 강도가 확보되었다면 가급적 빠른 시간 내에 긴장력을 도입해야 한다. 포스트텐션 구조는 일반 철근콘크리트 구조에 비해 적은 양의 철근이 배치되기 때문에 긴장력 도입이 늦어질수록 초기 균열이 발생할 가능성이 높아진다. 만약 공정상 긴장력 도입이 늦어질 수밖에 없는 경우에는 초기 균열을 억제할 수 있는 수준의 철근을 배근하는 것이 구조물 품질 확보 측면에서 유리하다.

제 3 장

정착구역 설계

3.1 일반사항

프리스트레스트 콘크리트 부재에서 프리스트레스의 도입은 콘크리트를 타설하고 일정 강도가 발현된 후에 이루어지며, 부재 단부에 집중하중으로 작용한다. 포스트텐션 부재는 기계적 정착장치를 통해 즉각적으로 프리스트레스를 도입하므로 큰 압축응력 및 응력교란현상에 따른 파열력과 할렬력 등의 인장응력이 발생하며, 나선철근이나 스터럽 철근, 표피철근 등으로 보강한다. 반면, 프리텐션 부재의 경우 긴장재의 원주면과 콘크리트의 부착에 의해 전달길이에 걸쳐서 점진적으로 프리스트레스를 도입하므로, 포스트텐션에 비해 응력집중 및 이에 따른 부가 응력들이 상대적으로 작다. Precast/Prestressed Concrete Institute(PCI)에서는 긴장력을 도입할 때 파열응력에 대해 보강철근 산정식을 제시하고 있으며, 일시적인 응력으로 간주하여 파열응력에 대한 보강철근은 요구되는 전단 및 비틀림 철근 외에 추가적으로 배근할 필요가 없음을 명시하고 있다. 또한 프리스트레스가 도입되는 부재 단부의 변형이 작아서 할렬응력은 일반적으로 무시할 수 있을 정도이다. 이 장에서는 프리스트레스 도입에 따른 포스트텐션 부재의 정착구역 설계를 다루었다. 정착구역에 대한 국내 설계규정은 콘크리트구조기준과 도로교설계기준 등에 일부 제시되어 있으며, 보다 자세한 사항은 Post-Tensioning Institute(PTI)와 American Association of State Highway and Transportation Officials(AASHTO) 또는 PCI에서 발간한 문서를 참조해 왔다. 이 실무지침에서는 PTI에서 발간한 문서를 주로 참고하여 정착구역 설계지침을 제공하고자 한다.

포스트텐션 시스템에서는 인장된 긴장재를 쐐기나 너트 등을 이용하여 정착장치에 정착하고 정착장치와 콘크리트 사이의 지압에 의해 콘크리트에 압축력을 전달한다. 이때 상대적으로 큰 집중하중이 콘크리트의 작은 단면에 가해지므로 응력집중에 의해 높은 국부응력이 발생한다. 정착장치 바로 전면에 발생한 응력은 부재 전체 단면적의 평균 응력의 몇 배에 이르며, 하중의 작용점에서 부재의 축방향으로 멀리 떨어질수록 줄어들어 일정 거리 떨어진 지점에서는 부재 단면의 평균 응력과 같아진다. 이와 같은 현상이 Saint-Venant의 원리이며, 모든 형태의 선형적인 탄성체에 적용된다.

이 원리에 의하면 하중에 의한 부재 내부의 응력이 하중 작용점에서 적어도 하중영역의 최대값과 같은 거리 이상 떨어진 지점에서는 작용하는 응력이 동일하게 된다. 예를 들어 폭 b, 두께 t의 직사각형 단면($b>t$)을 가지며 축방향으로 단면이 균일한 부재의 단부에 집중하중이 가해진 경우(그림 3.1), 부재 단면의 큰 치수인 b의 거리

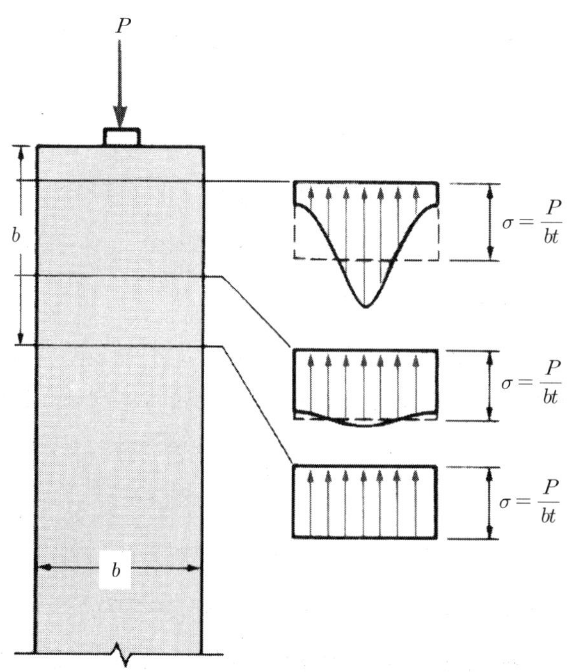

그림 3.1 **집중하중 P가 작용하는 단면의 압축응력 분포**(Gere & Timoshenko, 1996)

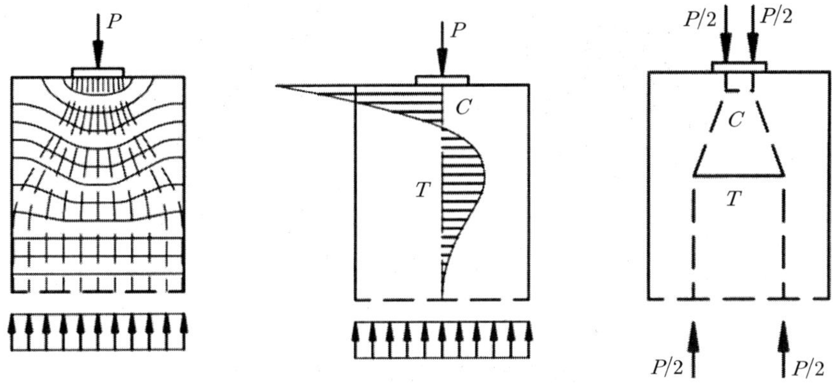

(a) 주응력 궤적 (b) 횡방향 응력 (c) 하중경로

그림 3.2 **정착구역 응력의 흐름**(PTI, 2000)

안쪽 위치에서는 수직응력이 비선형 분포를 보이며 평균 응력(P/A)보다 응력이 크게 나타난다. 반면에 b의 거리 바깥쪽 위치의 수직응력(σ)은 평균 응력(P/A)과 같아진다.

정착구역이란 정착장치에 집중된 프리스트레스 힘이 분산되어 단면 전체에 압축응력이 등분포되기 시작하는 거리까지의 부재영역을 말한다. 그림 3.1의 경우 지압판에서 b만큼 떨어진 구역까지가 정착구역이다. 그림 3.2(a)는 지압판에 의해 집중하중을 받는 장방형 보에서의 주응력 궤적을 보여주고 있으며 주응력의 방향을 알 수 있다. 이 그림에서 점선은 압축 주응력을 나타내고, 실선은 인장 주응력을 나타낸다. 지압판에 집중된 압축응력이 확산될 때, 응력흐름의 방향변화에 의해 지압판 바로 앞에는 횡방향 압축응력이 발생하고 좀 떨어진 거리에서는 횡방향 인장응력이 발생한다(그림 3.2(b)). 축방향 응력과 횡방향 응력의 상호작용은 이상화된 합력의 하중경로로 표현할 수 있다(그림 3.2(c)). 횡방향 인장응력의 합력 T는 정착구역의 중간 정도에 작용하며 파열력이라 한다.

그림 3.3은 선형 탄성 주응력 등고선을 보여준다. 응력 등고선은 동일한 주응력의 점들을 연결한 곡선이다. 이 그림에서 세 가지 중요한 구역을 확인할 수 있다.

(a) 지압판 바로 앞쪽 구역은 큰 지압응력을 받는다.

(b) 지압판에서 다소 떨어진 구역은 횡방향 인장응력, 즉 파열응력이 발생한다.

(c) 하중재하면을 따라 국부적인 인장응력이 발생하는데, 이를 할렬응력이라고 한다.

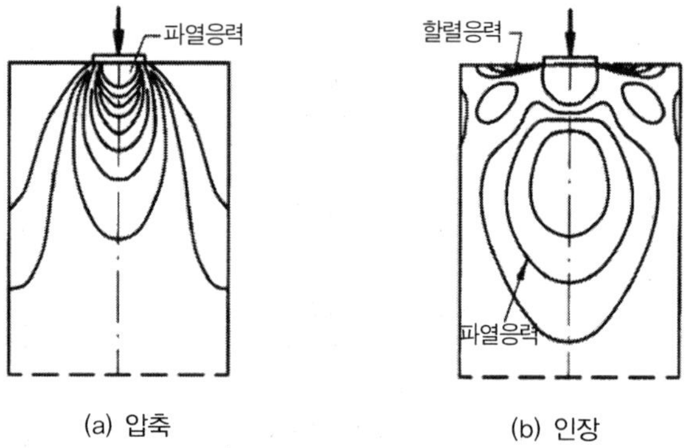

그림 3.3 **정착구역에서 주응력 등고선(PTI, 2000)**

일반적으로 포스트텐션 긴장재 정착구역을 국소구역과 일반구역 두 구역으로 나누어 고려한다. 정착장치 앞에 매우 큰 압축응력을 받는 부분을 국소구역이라 하며, 정착장치 및 구속철근과 이들을 둘러싸고 있는 콘크리트 사각기둥으로 정의한다. 일반구역은 정착장치부터 앞서 정의한 정착구역까지로 국소구역을 포함한 좀 더 큰 영역으로 정의하며, 할렬력, 파열력 등이 고려대상이다.

3.1.1 정착구역 설계의 목표

긴장재의 긴장력을 안전하게 구조물에 도입하고 사용하중이 작용할 때 균열폭을 제어하는 것이 정착구역 설계의 목표이다. 정착구역에서 자주 발생하는 문제는 과밀한 철근배근에 의한 콘크리트 타설 불량에 기인한다. 보강철근이 부족한 것만큼이나 과다한 철근배근은 오히려 콘크리트 타설 불량에 의한 구조적 문제가 발생할 수 있으므로 적절한 판단이 필요하다.

종종 정착구역에서 콘크리트의 균열이 관측되는데, 주로 긴장재를 따라 발생한다. 균열의 발생을 완전히 방지하기 위해서는 긴장재의 횡방향에도 프리스트레스를 가하는 방법이 있으나, 사실 이런 균열들이 반드시 구조적 결함을 의미하지는 않으므로 균열의 완전방지가 아니라 일정 폭 이하로 균열을 제어하는 것이 일반적인 정착구역 설계의 목표이다.

3.2 지압판

3.2.1 개요

지압판이란 포스트텐션 정착장치를 구성하는 요소 중 하나로 캐스팅이라 부르기도 하며, 콘크리트에 직접적으로 힘을 전달하는 장치이다. 일반적으로 다수의 강연선을 지지하는 정착장치는 지압판과 쐐기판이 별도로 구성되며, 소수의 강연선을 지지할 경우는 지압판과 쐐기판이 일체화된 정착장치를 많이 사용한다.

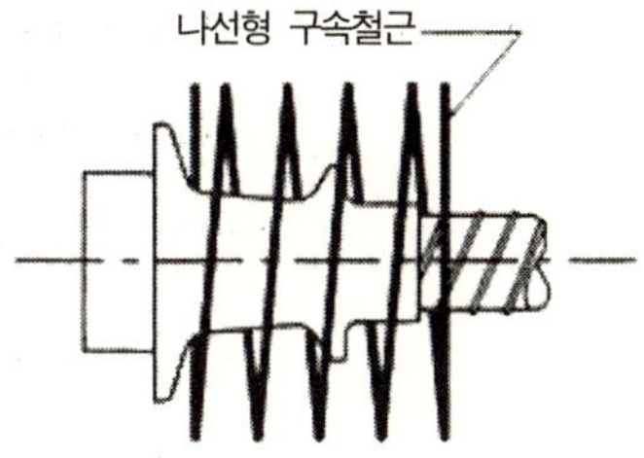

그림 3.4 **특수 지압판**(PTI, 2000)

지압판은 기본 지압판과 특수 지압판 두 가지로 구분할 수 있다. 기본 지압판은 지압응력, 강도, 강성 등 몇 가지 설계규정을 만족하는 지압판으로서, 지압판에 대한 별도의 시험 없이 사용이 가능하다. 특수 지압판은 설계규정에는 만족하지 않지만 실험적으로 성능을 인정받은 지압판으로서(그림 3.4), 포스트텐션 시스템 제조사별로 특별하고 복잡한 형상을 갖고 있으며 높은 지압응력에 저항하기 위해 국소구역에 구속철근을 배근한다.

3.2.2 기본 지압판

기본 지압판에 대한 국내 설계규정은 도로교설계기준 등에, 해외 설계규정은 PTI에서 발간한 『Acceptance Standards for Post-Tensioning Systems』(1998), AASHTO에서 발간한 『Standard Specification for Highway Bridges』(2002) 등에 명시되어 있다. 이 장에서는 건축물과 교량구조물에 모두 관련되어 PTI에서 출간한 문서인 『Acceptance Standards for Post-Tensioning Systems』(1998) 및 『Anchorage Zone Design』(2000)에서 제시하는 기본 지압판에 대한 설계규정을 소개한다.

(a) 지압판 면적 또는 재하면적과 분포면적은 PTI에서 다음과 같이 정의한다(그림 3.5).

$$a_x = b_x + 2e_x \leq 2b_x \tag{3.1}$$

$$a_y = b_y + 2e_y \leq 2b_y \tag{3.2}$$

$$\frac{1}{4} \leq \frac{e_x}{e_y} \leq 4 \tag{3.3}$$

여기서, a_x =분포면적의 x방향 치수

a_y =분포면적의 y방향 치수

b_x =지압판의 x방향 치수

b_y =지압판의 y방향 치수

e_x =지압판 테두리에서 콘크리트 연단까지 x방향 치수

e_y =지압판 테두리에서 콘크리트 연단까지 y방향 치수

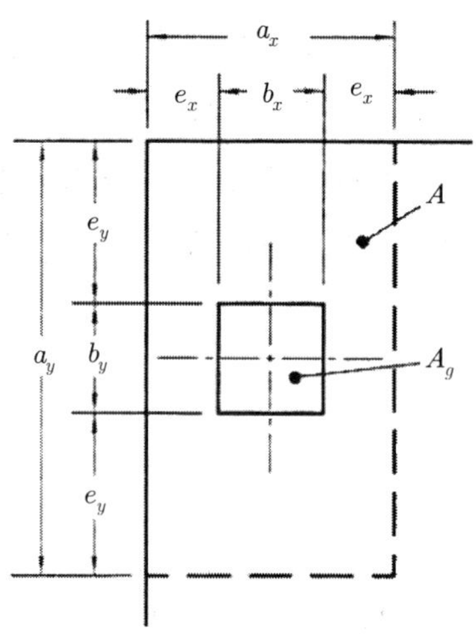

그림 3.5 **지압판 면적(A_g)과 분포면적(A)(PTI, 2000)**

(b) 국소구역에 구속철근이 존재하지 않을 때 콘크리트의 허용지압응력(f_{cpi})은 다음과 같다.

$$f_{cpi} = 0.5f_{ci}\sqrt{A/A_g} \leq 1.0f_{ci} \tag{3.4}$$

여기서, f_{cpi} =긴장할 때의 콘크리트의 허용지압응력

A =분포면적($=b_x \times b_y$)

A_g =재하면적($=a_x \times a_y$)

f_{ci} =긴장할 때의 콘크리트 강도

(c) 국소구역에 구속철근이 철근비 0.02를 초과하여 배근되었을 때 콘크리트의 허용 지압응력은 다음과 같다.

$$f_{cpi} = 0.75 f_{ci} \sqrt{A/A_g} \le 1.5 f_{ci} \tag{3.5}$$

(d) 철근비 0~0.02의 구속철근이 배근되었을 때 콘크리트의 허용지압응력은 식 (3.4)와 (3.5)의 값을 직선보간하여 사용한다.

(e) 식 (3.4)~(3.5)는 보통중량 콘크리트에 대한 식이며, 경량 콘크리트의 허용지압 응력은 적어도 18% 감소된 값을 사용한다.

도로교설계기준의 경우 정착구역의 강도감소계수에서 차이를 반영하고 있다.

가) 보통 콘크리트의 경우 : ϕ=0.8

나) 경량 콘크리트의 경우 : ϕ=0.65

(f) 순 지압면적에 대한 평균 콘크리트 지압응력(f_{bi})은 콘크리트의 허용지압응력 (f_{cpi})보다 적어야 한다. 이때, 식 (3.6)의 긴장력은 긴장재의 최대 허용인장응력을 반영한 값이다. 즉, P_{jack}은 $0.8 A_{ps} f_{pu}$로 한다.

$$f_{bi} = \frac{P_{jack}}{A_{net}} \le f_{cpi} \tag{3.6}$$

여기서, f_{bi} =평균 콘크리트 지압응력

A_{net} =순 지압면적

(g) 지압판의 휨응력에 대한 설계식은 다음과 같다.

$$f_s = 3 f_{bi} \left(\frac{n}{t} \right)^2 \le 0.8 f_{sy} \tag{3.7}$$

여기서, f_s =지압판의 휨응력

n =지압판 테두리에서 쐐기판 테두리까지 의 거리 중 가장 큰 값(그림 3.6)

t =지압판의 두께

f_{sy} =지압판의 항복강도

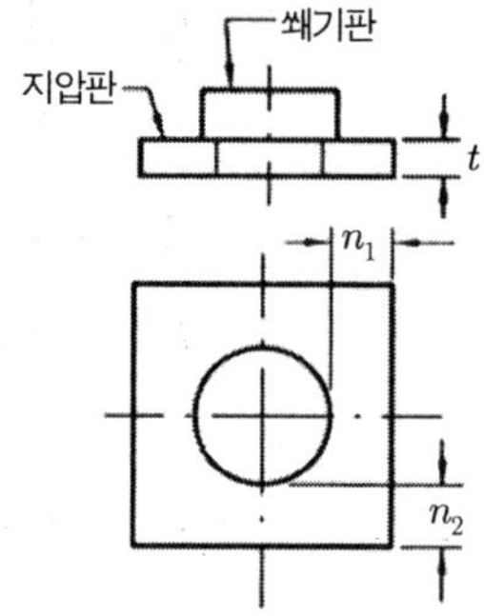

그림 3.6 n의 정의(PTI, 2000)

(h) 지압판의 강성에 대한 설계식은 다음과 같다.

$$\frac{n}{t} \le 0.08\sqrt[3]{\frac{E_s}{f_{bi}}} \quad (3.8)$$

여기서, E_s =지압판의 탄성계수

(i) 쐐기판과 지압판 사이의 허용지압응력에 대한 설계식은 다음과 같다.

$$f_{sbi} \le 1.5 f_{sy} \quad (3.9)$$

여기서, f_{sbi} =허용지압응력

f_{sy} =지압판과 쐐기판의 항복강도 중 작은 값

3.3 국소구역

3.3.1 개요

국소구역이란 구속되지 않은 콘크리트의 허용압축응력을 초과하는 구역을 둘러싸며, 정착장치 앞쪽으로 정착장치를 포함한 콘크리트 체적으로 정의할 수 있다. 높은 지압응력과 콘크리트의 내력 증가를 위한 구속철근이 이 구역의 설계 및 상세의 주요 고려사항이다. 지압판 전면에 발생한 압축응력이 허용값을 초과하지 않으면 별도의 국소구역 보강은 필요치 않으며, 또한 시험적으로 성능을 인정받는다면 그에 따른 보강상세를 적용할 수 있다.

콘크리트에 횡구속 철근을 배근할 경우, 콘크리트의 압축강도는 3축 압축을 받아 구속되지 않은 콘크리트의 압축강도보다 증가한다. 정착구역에서 압축응력은 부재 전체로 급속히 퍼져 나가므로 국소구역 보강이 필요할 경우 정착장치 전면에 비교적 작은 부분에 대해서만 구속철근을 배근하게 된다. 지압판이 콘크리트 단면과 비교하여 매우 작은 경우에는 지압판 주변의 콘크리트에 의해 구속될 수 있으며 별도의 구속철근을 필요로 하지 않을 수도 있다. 그러나 콘크리트 단면이 크더라도 지압판이 작은 경우 국부압괴가 발생할 수 있으므로 특수 지압판의 사용은 시험에 근거한 제조사의 지침에 따라 사용한다.

3.3.2 국소구역 설계

국소구역의 설계 및 철근 상세는 포스트텐션 시스템 제조사에 의해 제공된다. 각

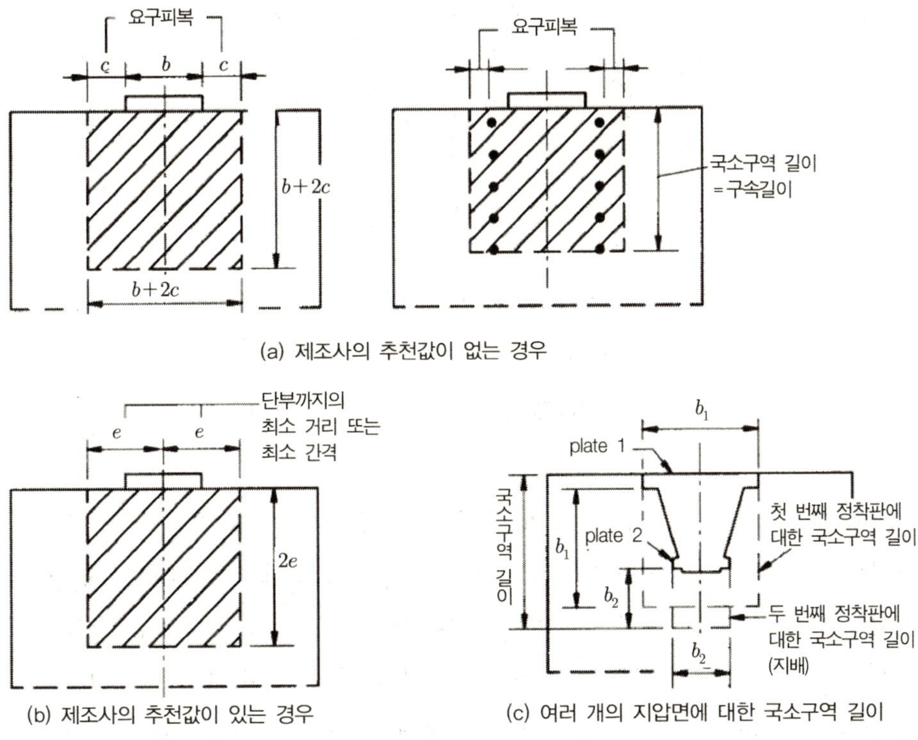

그림 3.7 **특수 지압판에 대한 국소구역의 정의(AASHTO, 2002)**

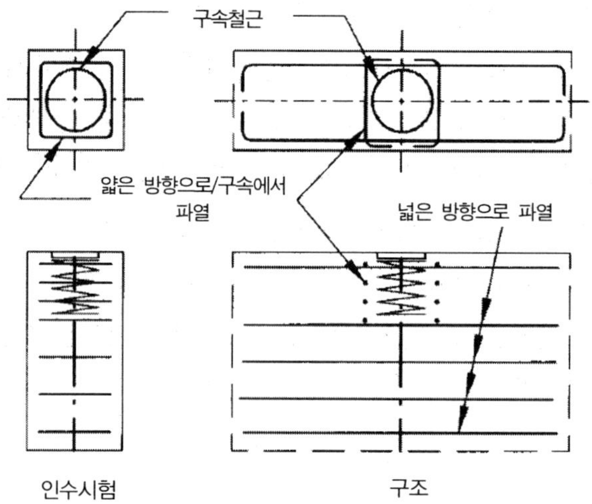

그림 3.8 **국소구역 철근보강**(PTI, 2000)

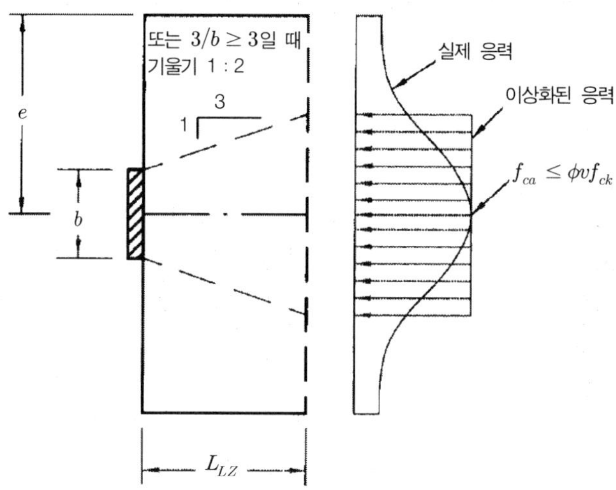

그림 3.9 **지압판 전면 응력의 확산**(PTI, 2000)

제조사별로, 그리고 각 유형별로 별도의 상세가 적용될 수 있다. 일반적으로 다발 강연선 정착장치는 매우 큰 지압응력으로 인해 횡구속철근으로 나선철근을 사용하고, 일반구역과 국소구역을 묶어주고 표면의 균열을 제어하기 위해 직교철근을 함께 사용한다. 단일 강연선 정착장치의 국소구역에 대한 구속철근이 필요 없는 경우에는 각각의 국소구역을 묶어주고 표면균열을 제어하기 위해 매우 적은 양의 직교철근을 배근한다. 구속철근이 필요할 경우에도 다발 강연선 정착장치에 비해 적은 지압응력이 작용하므로 나선철근보다는 직교철근을 사용하는 것이 일반적이다.

참고로 그림 3.7은 AASHTO(2002)에서 제시하는 특수 지압판 국소구역의 정의이며, 그림 3.8은 PTI(2000)의 철근보강 개념도이다.

특수 지압판이 아닌 기본 지압판을 사용할 때 국소구역 설계는 다음을 따른다.

(a) 식 (3.6)의 순 지압면적에 대한 평균 콘크리트 지압응력 f_{bi}이 식 (3.4)의 긴장할 때 콘크리트의 허용지압응력 f_{cpi}보다 작을 경우 국소구역보강을 위한 구속철근은 필요없다.

(b) 식 (3.6)의 f_{bi}가 식 (3.4)의 f_{cpi}를 초과하고 식 (3.5)의 f_{cpi}이하일 때는 ($0\% < \rho_s \leq 2\%$) 국소구역에 3.2.2의 (d)를 고려하여 구속철근을 배치한다.

(c) f_{bi}가 식 (3.5)의 f_{cpi}를 초과할 경우에는 기본 지압판의 범주를 벗어나게 되므로 별도의 검토가 필요하다.

상기 (b)의 경우 국소구역의 길이 L_{LZ}는 국소구역 연단의 응력 f_{ca}이 허용응력을 초과하지 않을 때까지 연장하여 결정된다. 사용하중이 작용할 때 콘크리트 허용응력은 $0.5f_{ci}$로 제한된다. 그리고 콘크리트의 압축응력 f_{ca}은 긴장력을 유효콘크리트 면적으로 나눠서 계산하는데, 유효콘크리트 면적의 크기는 연단거리와 정착장치의 간격에 의해 결정된다. 일반적으로 그림 3.9와 같이 1 : 3의 비율로 응력이 확산한다고 가정하며 연단거리가 지압판의 폭의 3배보다 클 경우($\frac{e}{b} \geq 3$)에는 1 : 2의 비율로 좀 더 급격하게 응력이 확산하는 것으로 가정한다.

3.4 일반구역

3.4.1 일반구역의 크기

일반구역이란 긴장력의 도입으로 인해 일반적인 보 이론의 선형적인 응력분포가 아닌 교란된 응력분포를 보이는 정착장치의 앞, 뒤 영역을 의미하며 국소구역을 포함한다. 일반구역의 크기는 그림 3.10과 같다. 그림 3.10(a)는 장방형 보에서 일반구역의

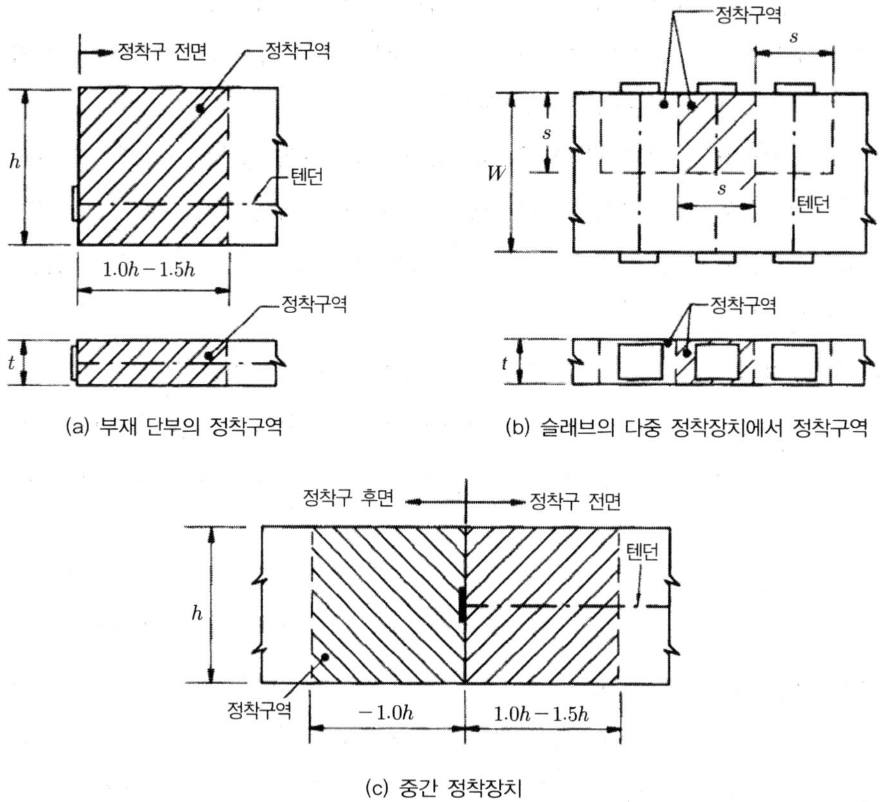

그림 3.10 **일반구역의 크기**(PTI, 2000; KCI, 2012)

크기를 나타낸다. 일반구역의 길이는 부재단면 중 큰 치수의 1.0~1.5배 정도로 가정하며, 춤과 폭은 보의 크기와 같다. 그림 3.10(b)는 슬래브에서 여러 개의 정착장치를 사용하는 경우로, 폭과 길이는 긴장재 중심 간격으로 하고 두께는 슬래브 두께와 같다. 그림 3.10(c)는 중간에 정착되는 경우로, 정착장치의 앞쪽뿐만 아니라 뒤쪽으로도 부재단면의 큰 치수만큼 연장된다.

3.4.2 일반구역 설계 고려사항

정착장치에 집중된 긴장재의 힘이 부재에 원활하게 퍼져나갈 수 있도록 하는 것이 일반구역 설계의 주요 고려사항으로 정착구역에서 인장력에 저항하고 균열을 제어할 수 있도록 적절한 보강근을 배근한다.

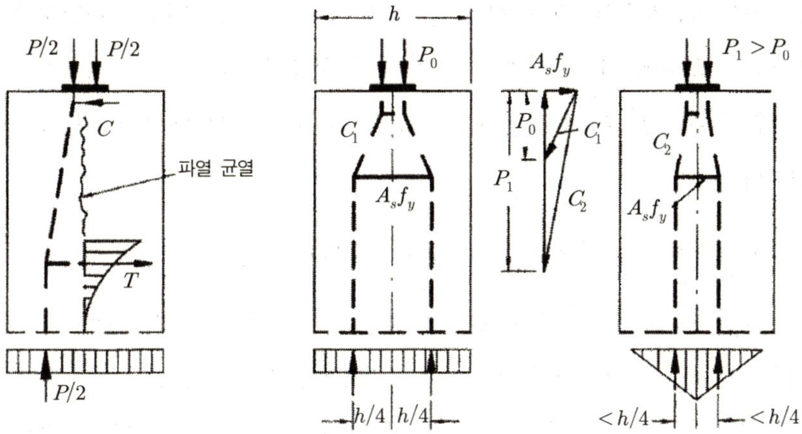

(a) 콘크리트의 인장응력 (b) 파열력 보강철근 항복 후 거동

그림 3.11 **정착구역의 응력 재분배(PTI, 2000)**

대부분의 구조물에서 정밀한 해석을 통해 얻을 수 있는 경제적인 효과는 전체 철근량으로 봤을 때 무시할 수 있을 정도이기 때문에 설계 가정상 다음 두 가지 사항을 가정하여 보수적인 설계를 유도한다. 실제 정착구역 응력의 흐름이 복잡할지라도 정착구역 설계를 위해서 간단하고 보수적인 설계를 하는 것이 일반적이다.

(a) 정착구역에서 비균열 콘크리트의 인장저항 기여도가 상당하더라도 일반적으로 콘크리트의 인장강도는 무시하는데 때로는 고려하는 경우도 있다.

(b) 콘크리트 균열에 의한 응력 재분배는 무시한다.

실제로 파열력에 의한 정착구 전면 비균열 콘크리트의 강도는 정착구역의 강도에 상당히 영향을 준다. 따라서 균열이 발달되면서 압축 스트럿의 각도는 점점 급해지고 인장력은 줄어들게 된다. 결과적으로 파열 균열을 유발시키는 힘은 균열이 진전되면서 점점 줄어들어 더 이상 균열이 발생하지 않고 멈춘다(그림 3.11(a)).

파열력에 대한 철근이 항복한다 하더라도 더 큰 힘을 받을 수 있다. 즉, 콘크리트 압축파괴가 일어나기 전까지는 점차적으로 압축대의 경사가 급해지면서 파열력에 대한 저항이 가능하다(그림 3.11(b)). 정착구역에서 파열력에 의한 균열이 파열력을 감소시키기는 하지만 지압응력이 분산되는 비율도 줄어들게 된다. 이런 경우 국소구역 및 인접구역에 대한 세심한 설계 및 상세가 필요하다.

정착구역은 하중계수에 의한 계수긴장력(P_{pu})과 강도감소계수(ϕ=0.85)를 적용하여 강도설계를 수행한다. 계수긴장력 P_{pu}는 최대 허용긴장력 P_j에 하중계수 1.2를 곱하여 얻을 수 있다. 단, P_{pu}는 $f_{pu}A_{ps}$이고, f_{pu}강연선 인장강도이며 A_{ps}는 총 강연선의 단면이다.

$$P_{pu} = 1.2P_j = 1.2 \times 0.8 \times f_{pu} A_{ps} = 0.96 f_{pu} A_{ps} \tag{3.10}$$

한편, 슬래브 등에서 콘크리트의 인장강도를 고려하여 설계하기도 하는데 이때는 주로 계수를 곱하지 않은 긴장력에 대해 검토한다. 긴장재 방향으로 높은 압축응력이 존재하기 때문에 직교 방향의 콘크리트 인장강도는 감소하게 된다. 정착구역에서 유효콘크리트 인장강도(f_{ct})는 식 (3.11)로 산정한다.

$$f_{ct} \approx \frac{1}{3}\sqrt{f_{ci}} \tag{3.11}$$

3.4.3 일반구역 설계

1) 간이 계산법

간이 계산법은 Guyon(1953)의 방법을 기초로 하고 있다. 이 방법은 직사각형 부재에 중심 축력 P가 작용할 때 파열력을 결정하는 방법으로써 균질한 물질에 대한 탄성론을 근간으로 한다. 그림 3.12(a)는 지압판의 높이 또는 폭과 부재의 춤 또는 폭의 비율, 즉 b/h별로 파열응력의 분포를 보여준다. 그림 3.12(b)는 b/h별로 파열응력의 합력을 압축력 P의 비율로 보여주며, 그림 3.12(c)는 부재에 발생하는 파열응력의 최대값을 압축응력의 비율, 즉 $f_{t_max}/(P/ht)$의 비율로 보여준다. 여기서 t는 부재의 폭이다.

파열력의 합력 T_{burst}은 식 (3.12)와 같이 산정될 수 있다.

$$T_{burst} = \frac{P}{4}(1 - \frac{b}{h}) \tag{3.12}$$

파열응력의 최대값은 식 (3.13)과 같다.

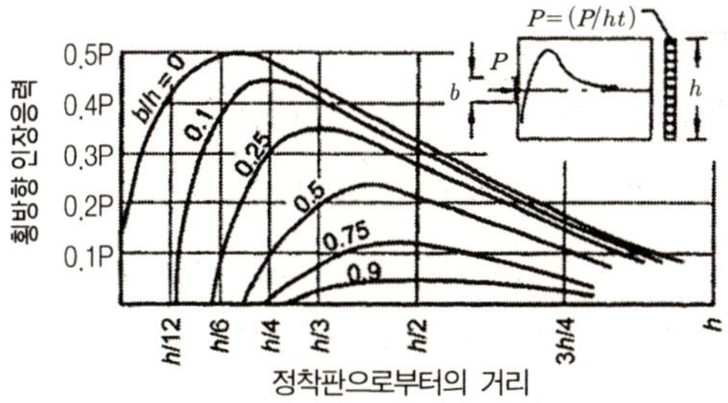

(a) 횡방향 인장력

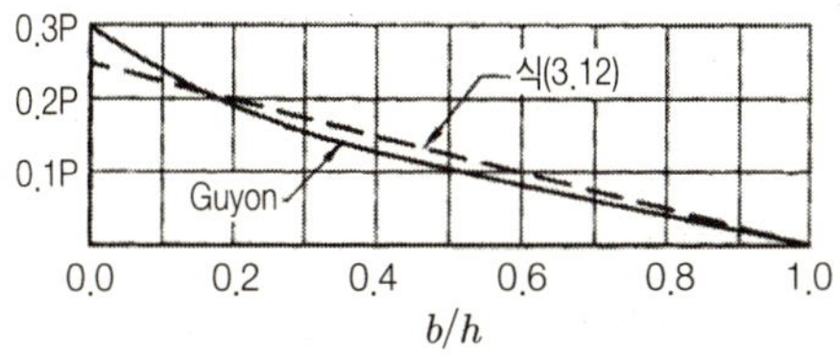

(b) 파열력의 합력

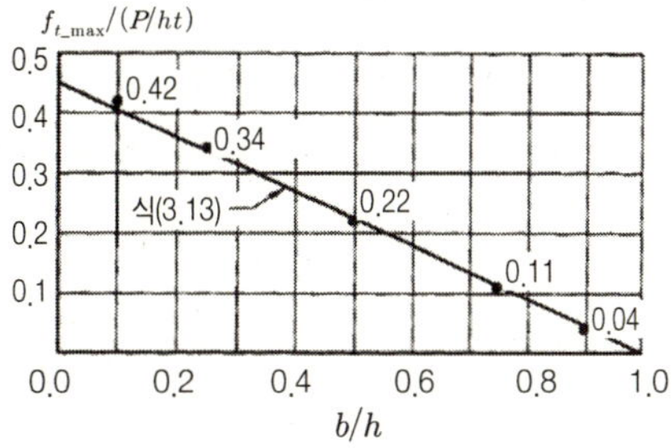

(c) 파열응력의 최대값

그림 3.12 **Guyon의 파열력과 파열응력(Guyon, 1953)**

$$f_{t\_max} = \frac{0.45P}{h \times t}(1 - \frac{b}{h}) \tag{3.13}$$

식 (3.12)와 (3.13)은 부재의 중심에 정착장치가 설치되었을 때 적용이 가능한 식이다. 정착장치가 편심을 가지고 설치되었을 때는 대칭 프리즘 방법으로 검토할 수 있으며, 그림 3.13처럼 부재단부에서 정착장치 중심까지 거리가 e라고 할 때 부재춤 h를 $2e$로 치환하여 적용할 수 있다.

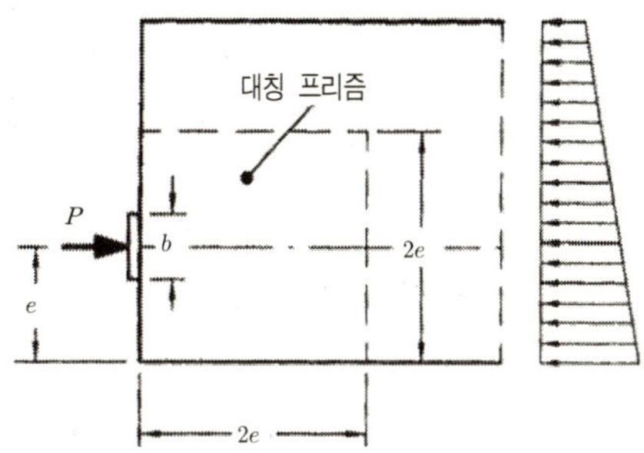

그림 3.13 **대칭 프리즘(PTI, 2000)**

$$T_{burst} = \frac{P}{4}(1 - \frac{b}{2e}) \tag{3.14}$$

$$f_{t\_max} = \frac{0.45P}{2e \times t}(1 - \frac{b}{2e}) \tag{3.15}$$

2) 스트럿-타이 모델

스트럿-타이 모델은 압축대(스트럿)와 인장재(타이)를 절점들 사이에 연결하여 구조물에서 힘의 전달경로를 가정하는 방법이다(그림 3.14). 각 요소들에서 힘의 크기는 하중 평형조건에 의해 결정하며, 이를 바탕으로 필요 철근량 및 콘크리트의 압축응력을 산정한다. 정착구역 설계를 위한 스트럿-타이 모델링의 절차는 다음과 같다.

(a) 설계대상 영역을 설정한다. 부재 단부로부터 집중하중이 구조 부재 전체로 확산되는 영역까지 설정하는데, 이는 일반구역과 같다.

(b) 일반구역 경계에 작용하는 하중을 결정한다. 주요한 외력은 긴장력이다. 설계에 영향을 줄 정도의 연직하중에 의한 반력이나 다른 하중들이 있다면 같이 고려한다. 긴장력은 부재의 내력과 균형을 이루는데, 이 내력은 간단한 보 이론을 이용하여 계산한 응력들로 산정한다.

(c) 일반구역에 작용하는 외력과 내력에 대해 스트럿-타이 모델을 구성한다. 스터럿-타이 모델은 트러스와 유사하며, 설계자는 이 트러스의 기하 형상을 자유롭게 구성할 수 있다. 하지만 일반적으로 하중의 전달경로를 이용하거나 응력의 흐름 경로를 이용하여 구성한다.

(d) 스트럿-타이 모델의 구조 해석을 통해 스트럿과 타이의 단면력을 계산한다.

(e) 인장재(타이)의 단면적에 대해 필요 철근량을 산정한다. 철근의 배치와 정착은 규정을 만족시켜야 하며, 철근의 중심선은 인장재의 중심선과 일치시켜야 한다.

(f) 압축대(스트럿)와 절점영역의 강도를 검토하여 필요 유효폭을 정한다.

(g) 압축대와 인장재의 필요 단면적이 설계대상 영역, 즉 일반구역과 스트럿-타이 모델의 기하학적 형상에 의해 결정되는 최대 허용단면적을 초과하지 않아야 하

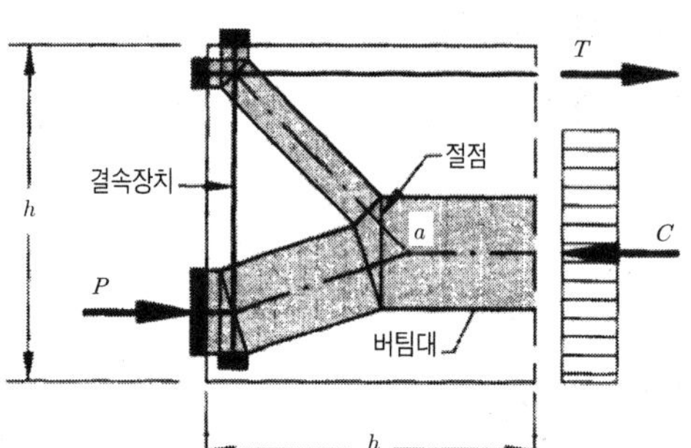

그림 3.14 **편심 긴장력을 받는 스트럿-타이 모델**

며, 그렇지 못할 때에는 (c)로 돌아가서 모델을 수정하여 만족할 때까지 이 과정을 반복 수행한다.

3) 할렬응력에 대한 설계

그림 3.15와 같이 부재 단부에 집중하중이 작용할 경우 부재의 테두리에는 변형적합조건에 의한 인장응력이 발생하며, 이렇게 발생한 할렬응력은 매우 크지만 국부적이고 응력의 합력은 작다. 종종 콘크리트의 피복두께보다 적은 거리에서 이런 할렬응력이 발생하는데, 이런 경우 철근보강이 불가능하다. 하지만 이런 종류의 할렬응력은 변형적합조건에 의해 발생하였으므로 콘크리트 표면에 미세한 균열이 발생하면 사라지게 된다. 이런 이유로 할렬응력에 대한 보강은 응력 자체에 대한 검토보다는 균열을 제어하기 위한 적절한 철근량을 산정하여 배근함으로써 이루어진다. AASHTO (2002)에서는 이 철근량을 계수긴장력의 2% 이상으로 요구하고 있으며, 2% 요구사항은 부재 단면에 가해지는 모든 집중하중의 합이 아니라 가장 큰 집중하중을 기초로 산정된다. 즉, 여러 개의 정착장치가 부재단부에서 집중하중을 가할 때, 그중 제일 큰 긴장력이 작용하는 정착장치 1개에 대해서 산정한다.

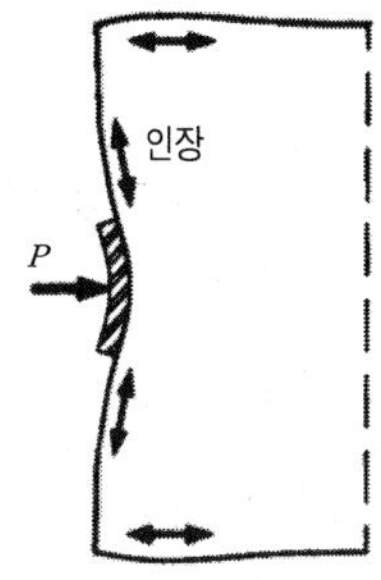

그림 3.15 **적합 할렬응력**

위에서 설명한 변형에 의한 표면응력과 달리 그림 3.16과 같이 부재의 단부에 편심을 가지고 정착장치가 설치된 경우나 그림 3.17, 3.18과 같이 여러 개의 정착장치가

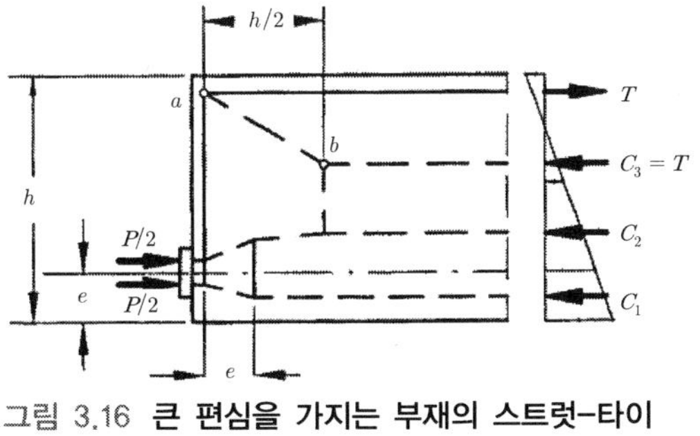

그림 3.16 **큰 편심을 가지는 부재의 스트럿-타이 모델 예(PTI, 2000)**

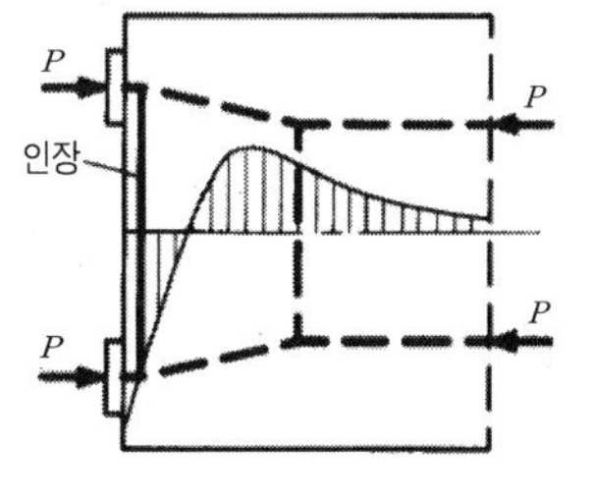

그림 3.17 **일정한 간격으로 정착장치가 설치된 부재의 스트럿-타이 모델 예(PTI, 2000)**

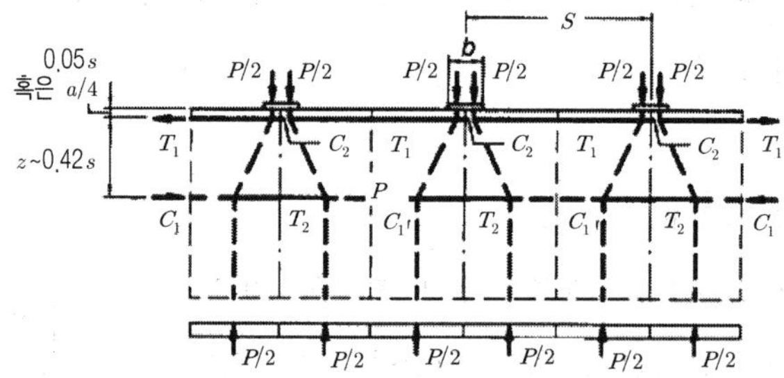

그림 3.18 **다중 정착장치가 일정한 간격으로 설치된 슬래브의 스트럿-타이 모델 예(PTI, 2000)**

일정 간격을 가지고 설치된 경우에는 하중평형에 의해 표면에 응력이 발생하는데, 이 응력도 할렬응력으로 정의한다. 이때에는 하중평형응력을 보강철근이 저항할 수 있도록 해야 한다.

4) 슬래브의 다중 정착장치

정착장치들 사이의 단부 인장력 T_1과 정착구 전면의 파열력 T_2에 저항하기 위해 긴장재 축에 직각으로 슬래브 면을 따라 식 (3.16)과 (3.17)에 의하여 산정된 철근을 배치해야 한다. 단부 인장철근(back-up bar)은 정착구 바로 앞에 설치하며 인접한 정착구들을 효과적으로 같이 묶어야 한다. 파열력에 대한 보강철근은 정착구역 길이 전체에 걸쳐서 배근한다.

$$T_1 = 0.10P(1 - \frac{b}{s}) \tag{3.16}$$

$$T_2 = 0.20P(1 - \frac{b}{s}) \tag{3.17}$$

제 4 장 포스트텐션 전이슬래브 설계

4.1 개요

공동주택 아파트를 비롯한 주상복합, 호텔 등의 건축물설계에서 건축계획적인 측면의 요구조건을 만족시키고 차별화된 입면 디자인을 구현시키기 위해 저층부에 전이구조형식을 도입하는 경우가 종종 발생한다. 전이구조형식에서는 상부 구조물의 하중을 하부 전이기둥으로 원활하게 전달시키기 위해 전이거더나 전이슬래브를 도입하는데, 전이층 부재를 철근콘크리트 구조로 설계하면 과도한 휨모멘트, 전단력, 처짐 등에 효율적으로 저항하기가 용이하지 않아 부재두께가 증가하고 철근이 과밀해지는 결과가 발생한다. 따라서 전이슬래브의 두께를 줄이고 철근량을 감소시키기 위해 전이슬래브에 포스트텐션 공법을 적용한다. 그림 4.1과 같이 전이슬래브에 곡률 형상의 텐던을 배치하고 긴장력을 가하면 곡률 방향으로 방향변환력(deviation force)이 발생하는데, 이러한 방향변환력은 전이기둥 지점 근처에서 하향력으로 작용하여 전이기둥 주변의 전단력을 감소시키는 역할을 한다. 포스트텐션에 의해 전단강도 역시 증가하지만 무엇보다 방향변환력에 의한 설계 전단력의 감소는 부재두께를 줄일 수 있는 가장 효과적인 방법이 되며, 따라서 전이슬래브에 포스트텐션을 적용하는 것은 부재의 슬림화를 유도하는 데 있어 가장 안정적인 공법이라 할 수 있다.

또한 전이슬래브에 포스트텐션 공법을 도입함으로써 시공성 측면에서 가설작업의 경량화 및 공기의 단축의 효과를 얻을 수 있다. 그림 4.2와 같은 고층 전이구조 건축물 시공에서 두께가 4~5m 정도로 두꺼운 전이슬래브를 시공할 경우 전이슬래브 자체의 과도한 무게로 인해 하부 동바리를 조밀하게 설치해야 하는 경우가 발생하고, 이로 인해 전이층 공사기간이 증가하여 전체 공기 또한 지체되는 결과가 발생한다. 이러한 문제를 해결하기 위해 전이슬래브에 포스트텐션을 적용하면 전이슬래브를 단계별로 시공할 수 있어 전이층 공사기간을 단축시킬 수 있다. 즉, 선타설되는 콘크리트층이 후타설되는 콘크리트 층의 무게를 부담하는 가설지지대 역할을 하도록 하여 전이슬래브 하부의 동바리 시공을 간소화할 수 있고 이를 통해 공기단축이 가능해진다.

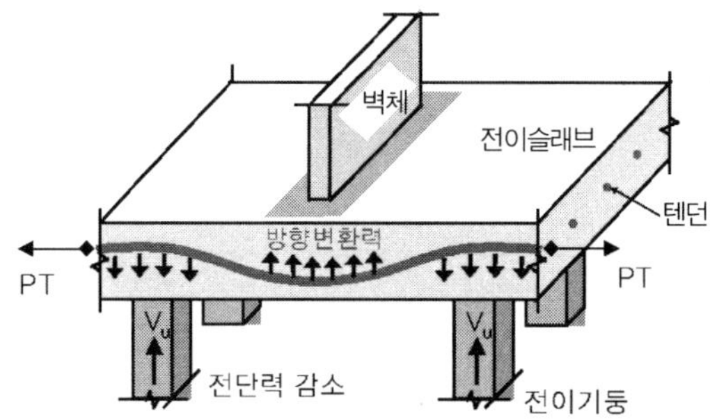

그림 4.1 **전이슬래브의 포스트텐션 도입**

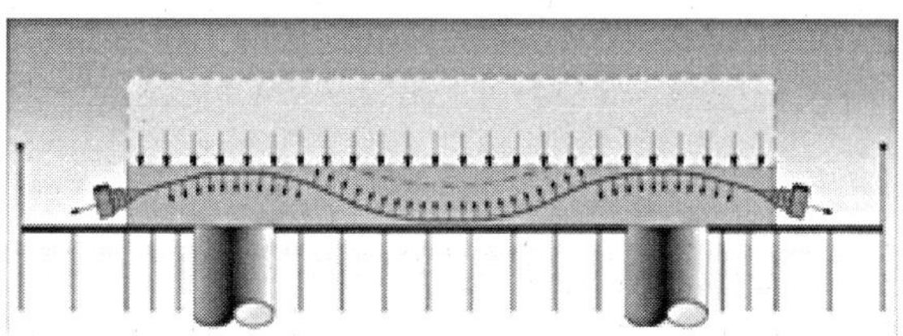

(a) 첫 번째 콘크리트 타설 층

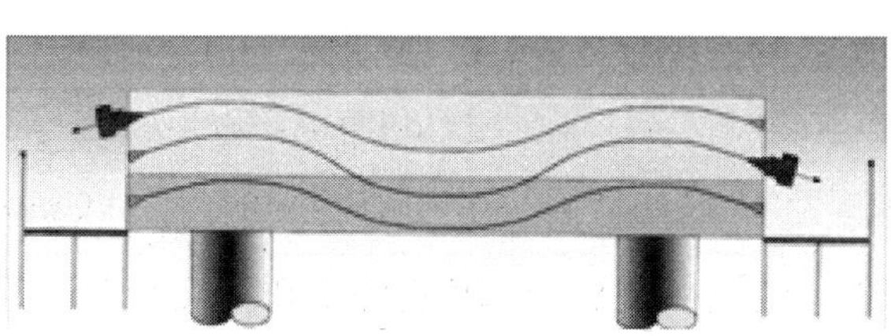

(b) 두 번째 콘크리트 타설 층

그림 4.2 **포스트텐션 전이슬래브의 분리타설공법**

4.2 포스트텐션 전이슬래브 시공 사례

국내에서도 전이슬래브에 포스트텐션 공법을 도입한 사례가 있지만 대지면적이 협소한 홍콩과 같은 해외에서 고층 건축물에 포스트텐션 전이슬래브를 도입한 사례가 많다. 이 절에서는 홍콩에서 시공된 Pacific Place Building과 Robinson Place Tower의 포스트텐션 전이슬래브 설계 및 시공 사례를 소개하고자 한다.

4.2.1 Pacific Place Building

Pacific Place Building은 홍콩에서 처음으로 전이슬래브에 포스트텐션 공법을 적용한 고층 건물로서 그림 4.3과 같이 61층의 두 개 동으로 구성되어 있다. 두 개 동 모두 저층부에 상업시설을 수용하기 위해 전이구조형식을 도입하였으며 1988년에 준공되어 현재 호텔 및 상업시설로 이용되고 있다.

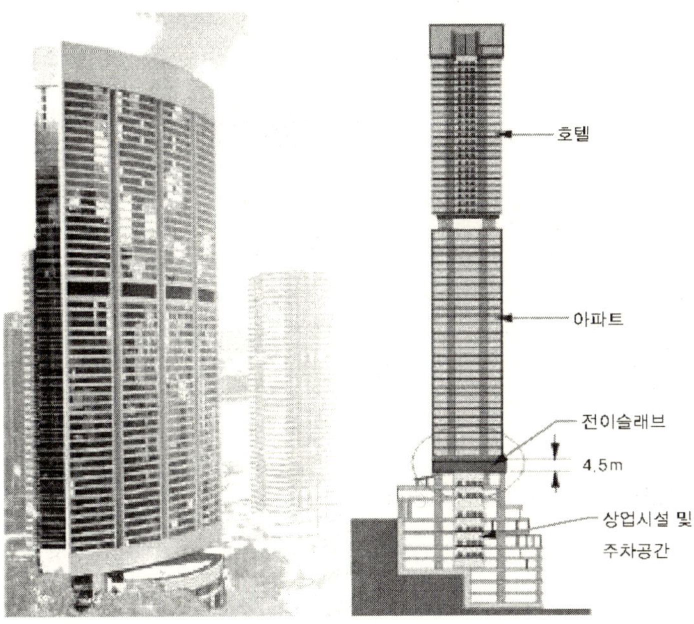

그림 4.3 Pacific Place Building, 홍콩

Pacific Place Building B동의 경우 4.5m 두께의 전이슬래브가 적용되었으며 당초 철근콘크리트 구조로 설계되었던 것을 포스트텐션 구조로 변경하여 철근량을 대폭 감소시켰을 뿐 아니라 공기를 단축한 사례이다. 포스트텐션 구조를 적용하였음에도 불구하고 전이슬래브의 두께는 전단력 요구조건을 만족해야 하므로 4.5m로 그대로 유지하였다. 그림 4.4는 B동 전이슬래브 상부 벽체와 하부 전이기둥의 배치를 나타낸 그림으로 불규칙한 벽체들로부터 상부 구조물의 큰 하중이 하부 전이기둥으로 전달되는 것을 나타낸다.

Pacific Place Building B동의 전이슬래브에 포스트텐션 공법을 적용한 결과, 텐던 물량 27kg/m^{3}만을 추가함으로써 기존에 철근콘크리트 구조로 설계되었을 때의 철근 물량을 480kg/m^{3}에서 180kg/m^{3}로 62.5% 만큼 감소시킬 수 있었다. 철근량의 감소는 재료비의 감소뿐만 아니라 철근의 가공 작업량도 감소시키기 때문에 6,875m^{3}의 콘크리트 물량을 5주 만에 시공할 수 있게 되어 공기단축에 성공한 시공 사례이다.

그림 4.5의 전이슬래브 텐던 배치도면에서 그림 4.2와 같이 장변 방향의 텐던은 양쪽 방향에서 긴장하였고 단변 방향의 텐던은 한쪽 방향에서만 긴장하였다. 또한 대부분의 텐던은 4.5m 전이슬래브 두께 내에 그림 4.2(b)와 같이 수직 3열로 배치하였고 곡률이 거의 없는 직선형으로 배치하였다. 단, 전이기둥 부근에서는 텐던에 수직곡률을 일부 가지고 있어 수직전단저항력을 증가시켰다.

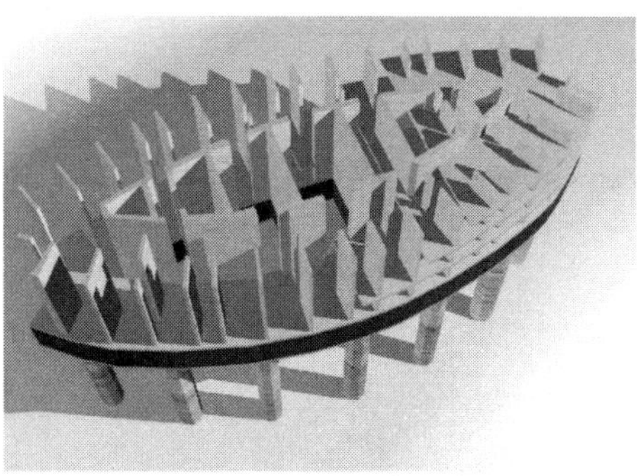

그림 4.4 **전이슬래브 상부 벽체 및 전이기둥**

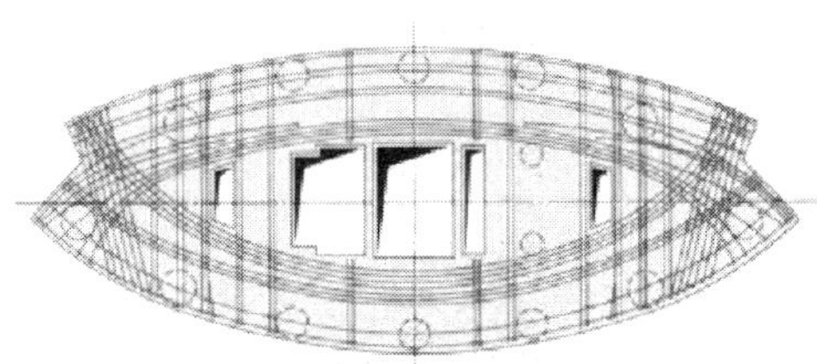

그림 4.5 **전이슬래브 텐던 배치**

4.2.2 Robinson Place Tower

Robinson Place Tower는 홍콩 미드 레벨(Mid Levels)에 위치한 47층 규모의 주상복합건물이다(그림 4.6). 당초 철근콘크리트 구조로 설계되었던 전이슬래브에 포스트텐션 구조를 도입함으로써 경제성과 시공성을 개선한 프로젝트로서, 포스트텐션 도입의 목적은 전이슬래브 두께를 감소하여 경제성을 확보하고 시공절차를 간소화하여 공기를 줄이는 것이었다.

이러한 PT 도입을 통해 당초 4.2m 두께의 철근콘크리트 구조로 설계되었던 전이슬래브를 3.2m 두께로 감소시켜 재료비용을 24% 절감할 수 있었고, 공기단축을 위해 전이슬래브를 2열로 분리타설 시공하여 선타설된 1.5m 두께의 전이슬래브가 가설거푸집의 역할을 함으로써 가설비용 또한 절감할 수 있었다.

건물 개요

1) 지상층 수(시공연도) : 47층(1993)
2) 전이슬래브 두께 : 3.2m
3) 전이슬래브 각 열 두께 : 1.5m+1.7m
4) 전이슬래브 면적 : 925m^2/슬래브
5) 콘크리트양 : 2,960m^3/슬래브
6) 콘크리트 강도 : 35N/mm^2
7) 철근량 : 150kg/m^3
8) 텐던 크기 및 개수 : Ec5-12/Ec5-19

텐던 배치

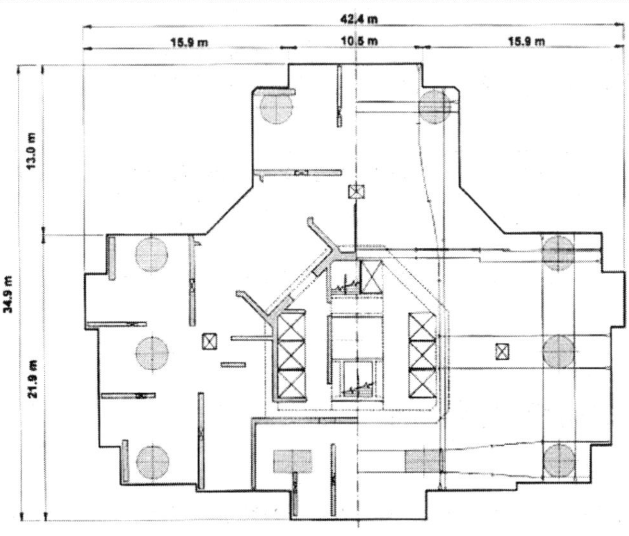

그림 4.6 Robinson Place Tower, 홍콩

4.3 시공단계별 검토

포스트텐션 전이슬래브의 구조 검토는 전이층 시공 후 사용한계상태-긴장 도입 직후, 최상층 시공 후 사용한계상태-프리스트레스 손실 후, 최상층 시공 후 극한한계상태-프리스트레스 손실 후의 3단계에 대하여 수행한다.

4.3.1 전이층 시공단계

전이층 시공단계에서는 전이슬래브의 자중 $1.0SW$에 의해 전이슬래브에 발생하는 허용인장응력과 압축응력을 검토한다(그림 4.7). 여기서 SW는 자중을 의미한다. 전이층 시공단계에서는 긴장재의 시간에 따른 장기손실이 발생하지 않으므로 장기손실계수는 $\zeta = 1.0$을 적용한다. 전이층 시공단계는 프리스트레스 도입 직후에 해당하므로 콘크리트구조기준 9.3.1에 따라 콘크리트의 허용인장응력은 $0.25\sqrt{f_{ci}}$, 허용압축응력은 $0.6f_{ci}$ 이하가 되도록 설계한다.

전이층 시공단계-사용하중상태 검토
→ 긴장재의 인장력이 콘크리트에 전달되는 단계 $t = 0 \rightarrow \zeta = 1.0$

- 콘크리트 $f_{ci} = 25\text{MPa}$
- 허용인장응력 $\sigma_t = 0.25 \times \sqrt{f_{ci}} = 1.25\text{MPa}$
- 허용압축응력 $\sigma_c = 0.6 \times f_{ci} = 15.0\text{MPa}$

구분	전이슬래브 하중조합	건물 하중조합	PS 손실 전
연직하중	$1.0SW$	-	$1.0PS$

그림 4.7 **전이층 시공단계(사용하중단계)**

4.3.2 최상층 시공단계

최상층 시공단계에서는 전이슬래브의 사용하중 $1.0SW + 1.0SDL + 1.0LL$과 전이슬래브 상층부에 전달되는 사용하중 $1.0DL + 1.0LLT$에 의해 전이슬래브에 발생하는 허용인장응력과 압축응력을 검토한다(그림 4.8). 여기서, SW는 전이슬래브의 자중, SDL은 전이슬래브 내의 적재하중, LL은 전이슬래브 내의 활하중, DL은 전이슬래브 상층부에서 전달되는 자중과 적재하중, DL은 전이슬래브 상층부에서 전달되는 활하중을 나타낸다. 최상층 시공단계에서는 긴장재의 시간에 따른 장기손실이 발생하므로 장기손실계수 $\zeta=0.85$를 적용한다. 이때 장기손실계수는 사용되는 정착구의 종류와 전이슬래브 시공 경험치에 따라 다른 값을 적용할 수 있다. 최상층 시공단계는 사용하중상태이므로 콘크리트구조기준 9.2.2에 따라 콘크리트의 허용인장응력은 비균열 등급에서 $0.63\sqrt{f_{ck}}$ 또는 부분균열 등급에서 $1.0\sqrt{f_{ck}}$, 그리고 허용압축응력은 $0.6f_{ck}$가 되도록 한다. 그림 4.8에서는 사례 건물을 부분균열 등급으로 설계할 때 최상층 시공이 완료된 후 콘크리트 강도 35MPa을 가지는 전이슬래브의 사용한계상태를 검토하는 과정을 보여준다.

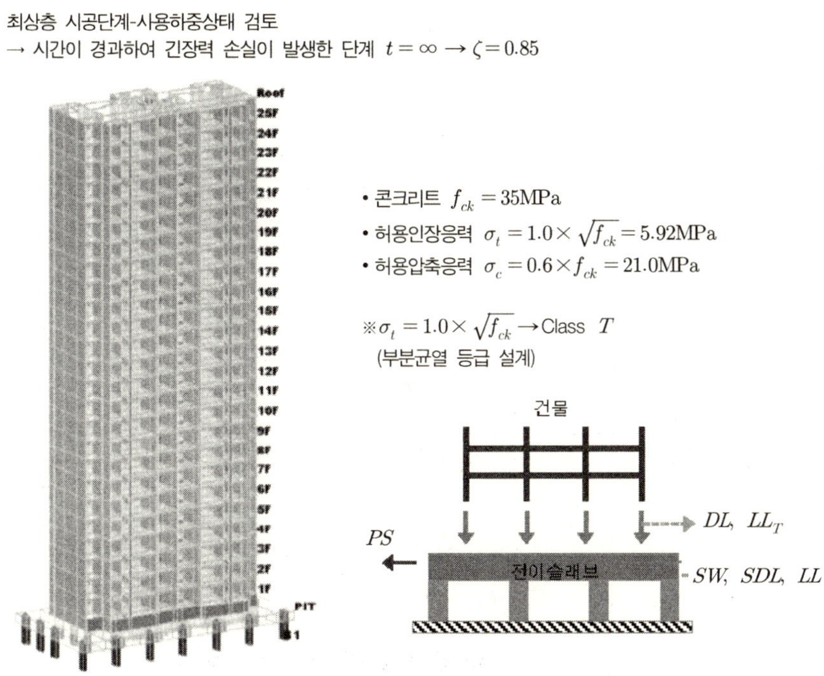

구분	전이슬래브 하중조합	건물 하중조합	PS 손실 후
연직하중	$1.0(SW+SDL)+1.0LL$	$1.0DL+1.0LL_T$	$0.85PS$

그림 4.8 **최상층 시공단계(사용하중단계)**

최상층 시공이 완료된 후에는 풍하중 또는 지진하중이 전이슬래브에 극한한계상태의 계수 휨모멘트와 계수 전단력을 발생시키므로 이를 고려한 극한강도설계를 수행해야 한다(그림 4.9). 이때 긴장재의 시간에 따른 장기손실은 각각의 모든 하중조합에 반영되어야 한다. 그림 4.9에서는 그림 4.8과 동일한 사례의 건물을 설계하는 과정에서 최상층 시공이 완료된 후에 극한한계단계에서의 필요한 하중조합 및 설계과정을 보여준다.

최상층 시공단계-극한하중상태 검토
→ 시간이 경과하여 긴장력 손실이 발생한 단계 $t=\infty \rightarrow \zeta=0.85$

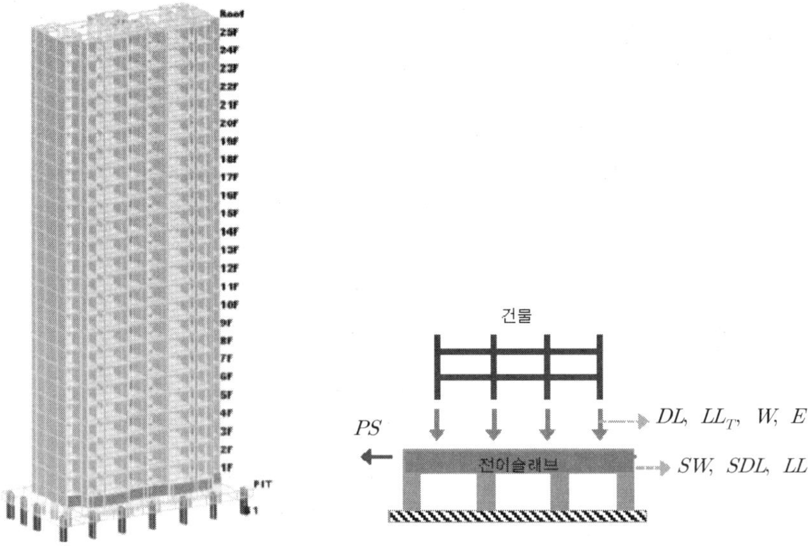

구분	전이슬래브 하중조합	건물 하중조합	PS 손실 후
연직하중	$1.0(SW+SDL)+1.0LL$	$1.0DL+1.0LL_T$	$0.85PS$
풍하중	$1.2(SW+SDL)+1.0LL$	$1.2DL+1.0LL_T \pm 1.3W$	$0.85PS$
지진하중	$1.2(SW+SDL)+1.0LL$	$1.2DL+1.0LL_T \pm 1.0E_m$	$0.85PS$

그림 4.9 **최상층 시공단계(극한하중단계)**

4.4 포스트텐션 전이슬래브 설계 사례

4.4.1 대상 건물 개요

이 실무지침에서는 15층 아파트를 대상으로 설계 사례를 수행하였고(그림 4.10), 이 설계 사례를 통해 포스트텐션 전이슬래브 설계 프로세스를 설명하고자 한다. 대상 건물의 3차원 모델링은 M社 프로그램을 통해 수행하였고 포스트텐션 전이슬래브 모델링은 A社 프로그램을 통해 수행하였다. 대상 건물의 개요, 사용재료, 설계하중 조건은 표 4.1과 같다.

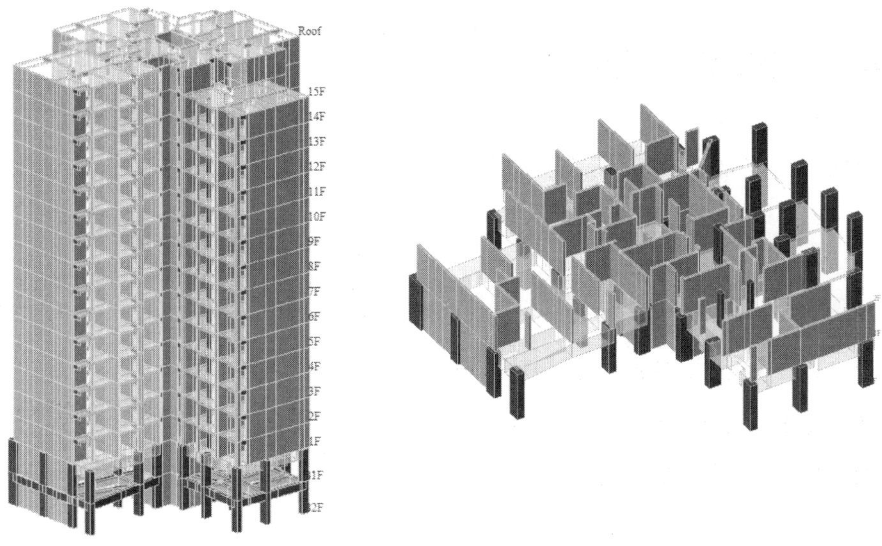

그림 4.10 **15층 규모 아파트 전이슬래브 설계 사례**

표 4.1 **대상건물 개요**

건물개요	층수	지상 15층, 지하 2층
	구조시스템	상부 벽식-하부 기둥식(전이구조 시스템)
	부재 치수	전이슬래브 두께=1,100mm(RC), 두께=900mm(PT), 전이기둥 600×1,000mm
사용재료	콘크리트	f_{ck}=21MPa(전층), f_{ck}=35MPa(전이슬래브)
	철근	f_y=400MPa(D13 이하), f_y=500MPa(D16 이상)
	텐던	ϕ12.7mm 비부착 방식
설계하중	지진하중	지역계수 A=0.11(Zone 1) 지반등급 S_B 중요도계수 I_E=1.5(특), 반응수정계수 R=4.5
	풍하중	기본풍속 V_o=30m/s 지형계수 K_{zt}=1.0 중요도계수 I_w=1.1 거스트계수 G_f=2.2

4.4.2 구조설계 일반사항

포스트텐션 전이슬래브의 설계는 콘크리트구조기준-12의 제 9장 프리스트레스트 콘크리트에 따라 수행하였다. 강연선 규격은 KS D 7002를 사용하였고(그림 4.11), 텐던은 부착방식의 다발 강연선이 삽입된 텐던을 사용하였다. 사용된 텐던의 마찰손실 및 장기손실 값 등은 다음과 같다.

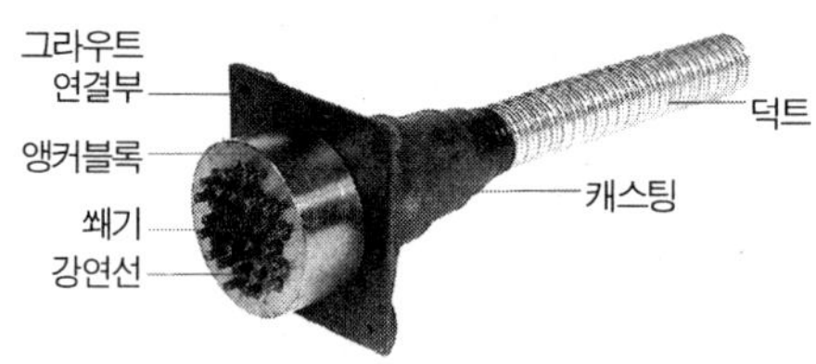

그림 4.11 **부착방식 다발 강연선이 삽입된 텐던**

1) 적용 설계기준

(a) 콘크리트구조기준-12

(b) Building Code Requirements for Structural Concrete(ACI 318-11)

2) 강연선 규격

(a) KS D 7002(Grade 270 저이완 7연선)

(b) PC 7연선 SWPC7BL 저이완 긴장재(ϕ12.7mm)

3) 텐던 성능

(a) 파상마찰계수 : $k = 0.001/\text{m}$

(b) 곡률마찰계수 : $\mu = 0.2/\text{rad}$

(c) 정착구 슬립 : 최대 6mm

(d) 장기손실 : 75MPa

(e) 긴장응력 : 최대 인장강도의 75%

4.4.3 설계하중 입력

포스트텐션 전이슬래브 설계를 위해서는 일반 유한요소해석 프로그램인 MIDAS ADS로 벽체로 전달되는 설계하중을 먼저 산정한 후 포스트텐션 전문 유한요소해석 프로그램인 ADAPT-Floor Pro에 입력하는 과정이 필요하다(그림 4.12). 이때 전이층 상부 벽체로 전달되는 고정하중 DL_1과 적재하중 LL_1, 포스트텐션 효과, 지진하중 E 또는 풍하중 W 등을 고려한다. 그 후 ADAPT-Floor Pro에 전이슬래브의 자중 SW 및 전이슬래브에 작용하는 추가 고정하중 DL_2와 적재하중 LL_2를 추가로 입력한 후 해석을 수행한다. 다음은 보다 순차적인 입력과정이다.

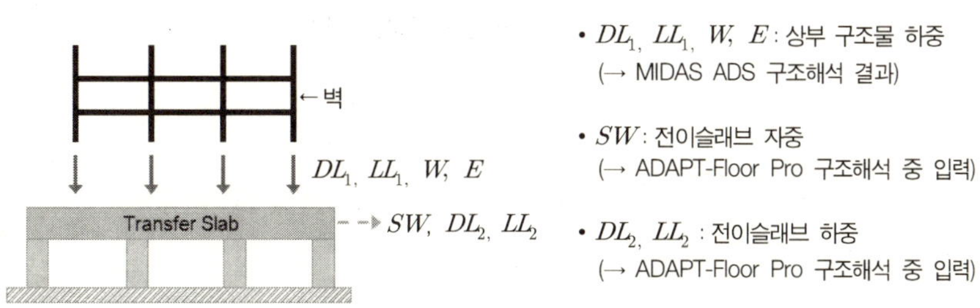

그림 4.12 **전이슬래브 설계하중 구분**

1) 설계하중 구분

(a) 고정하중(DL : Dead Load)

(b) 적재하중(LL : Live Load)

(c) 자중(SW : Self Weight)

(d) 긴장력(PT : Post-Tensioning Force)

(e) 2차반력(HYP : Hyperstatic)

※ (a)~(e) 입력하중은 구조해석 프로그램에서 자동으로 계산됨.

2) 전이층 상부 벽체하중 입력

전이층 상부 벽체로부터 전이슬래브에 전달되는 상부 구조물의 하중은 그림 4.13과 같이 벽체의 등가선하중으로 치환하여 전이슬래브 벽체 위치에 입력하였다. 이때 벽체의 등가선하중은 상부 구조물 해석에서 고려되는 고정하중, 적재하중, 풍하중, 지진하중에 대해 산정하였으며 그림 4.14와 같이 F_{z1}과 F_{z2}를 갖는 등가선하중으로 입력

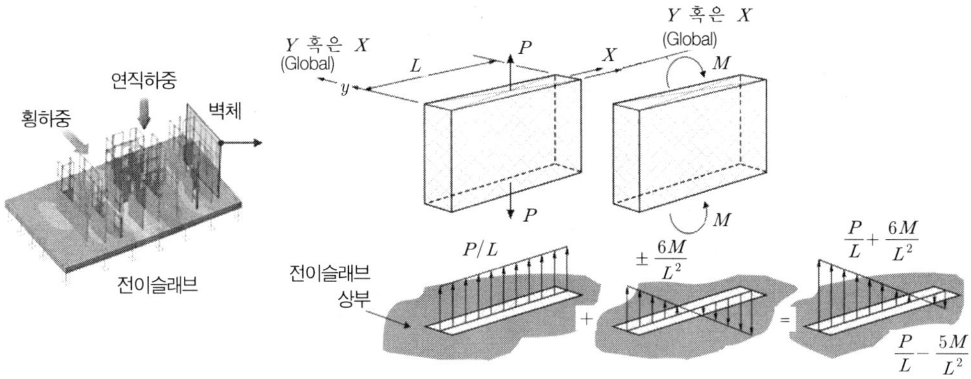

그림 4.13 **벽체 등가선하중 산정 방법**

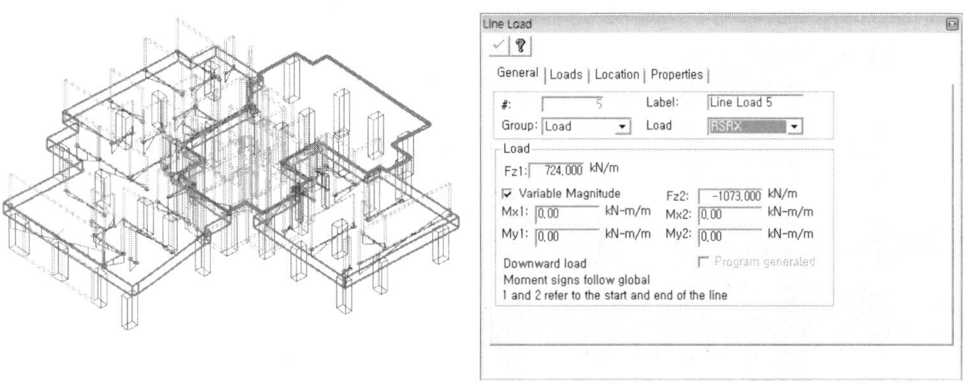

그림 4.14 **벽체 등가선하중 입력**(DL_1, LL_1, W, E)

하였다. 이때 상부 벽체에서 전이층으로 전달되는 전단력은 다이어프램과 관련된 설계이므로 입력되어 있지 않다.

3) 포스트텐션 설계 하중조합

(a) 긴장력 도입단계 : $1.0SW + 1.0PT$

(b) 사용하중단계 : $1.0(SW + DL_1 + DL_2) + 1.0(LL_1 + LL_2) + 1.0PT$

(c) 극한하중단계 : $1.2(SW + DL_1 + DL_2) + 1.6(LL_1 + LL_2) + 1.0HYP$ 외

4) 특별지진하중 조합

전이구조형식은 지진하중의 흐름을 급격히 변화시켜 구조물의 붕괴를 야기할 수 있으므로 전이슬래브 및 전이기둥을 설계할 때 특별지진하중을 반드시 고려해야 한다. 특별지진하중은 건축구조설계기준 KBC 2009의 0306.2.3 규정에 따라 다음과 같이 산정된다.

$$E_m = \Omega_0 E \pm 0.2 S_{DS} D \quad (4.1)$$

여기서, Ω_0는 시스템 초과 강도계수를 나타내고, $\Omega_0 E$는 전이슬래브에 연결된 다른 부재 또는 연결부의 최대 하중 재하능력을 기반으로 산정되는 하중을 초과할 필요는 없다. 즉, 휨 항복 등의 비선형 거동을 고려하여 재하능력을 판단해야 한다.

지진하중조합(*RS*)에 대해 우발편심(*ES*)을 고려하면 각 지진하중 조합마다 4×4=16개의 조합이 발생하고, X방향과 Y방향을 고려하면 총 2×16=32개의 특별지진하중조합이 발생한다. 여기에 적재하중을 포함하는 하중조합 $1.2D+1.0(\Omega_o E+0.2S_{DS}D)+1.0L$과 포함하지 않는 하중조합 $0.9D+1.0(\Omega_o E+0.2S_{DS}D)$을 고려하면 2×32=64개의 특별 지진하중조합이 발생하여 중력하중만을 고려한 하중조합 및 풍하중에 대한 하중조합과 더불어 표 4.2에 나타나듯이 총 74개의 하중조합이 발생하였다. 최종적으로 포스트텐션 효과를 포함한 하중조합을 프로그램에 입력하였다(그림 4.15).

표 4.2 극한하중단계 하중조합

번호	하중조합
1	1.4D
2	1.2D+1.6L
3	1.2D+1.3WX+1.0L
4	1.2D+1.3WY+1.0L
5	1.2D-1.3WX+1.0L
6	1.2D-1.3WY+1.0L
7	1.2D+1.0(1.0(1.47)(2.50)[RX(RS)+RX(ES)]+0.3(1.53)(2.50)[RY(RS)+RY(ES)])+1.0L+(0.2)(0.367)D
8	1.2D+1.0(1.0(1.47)(2.50)[RX(RS)-RX(ES)]+0.3(1.53)(2.50)[RY(RS)-RY(ES)])+1.0L+(0.2)(0.367)D
9	1.2D+1.0(1.0(1.47)(2.50)[RX(RS)+RX(ES)]-0.3(1.53)(2.50)[RY(RS)+RY(ES)])+1.0L+(0.2)(0.367)D
10	1.2D+1.0(1.0(1.47)(2.50)[RX(RS)-RX(ES)]-0.3(1.53)(2.50)[RY(RS)-RY(ES)])+1.0L+(0.2)(0.367)D
11	1.2D+1.0(1.0(1.53)(2.50)[RY(RS)+RY(ES)]+0.3(1.47)(2.50)[RX(RS)+RX(ES)])+1.0L+(0.2)(0.367)D
12	1.2D+1.0(1.0(1.53)(2.50)[RY(RS)-RY(ES)]+0.3(1.47)(2.50)[RX(RS)-RX(ES)])+1.0L+(0.2)(0.367)D
13	1.2D+1.0(1.0(1.53)(2.50)[RY(RS)+RY(ES)]-0.3(1.47)(2.50)[RX(RS)+RX(ES)])+1.0L+(0.2)(0.367)D
14	1.2D+1.0(1.0(1.53)(2.50)[RY(RS)-RY(ES)]-0.3(1.47)(2.50)[RX(RS)-RX(ES)])+1.0L+(0.2)(0.367)D
15	1.2D+1.0(1.0(1.47)(2.50)[RX(RS)+RX(ES)]+0.3(1.53)(2.50)[RY(RS)-RY(ES)])+1.0L+(0.2)(0.367)D
16	1.2D+1.0(1.0(1.47)(2.50)[RX(RS)-RX(ES)]+0.3(1.53)(2.50)[RY(RS)+RY(ES)])+1.0L+(0.2)(0.367)D
17	1.2D+1.0(1.0(1.47)(2.50)[RX(RS)+RX(ES)]-0.3(1.53)(2.50)[RY(RS)-RY(ES)])+1.0L+(0.2)(0.367)D
18	1.2D+1.0(1.0(1.47)(2.50)[RX(RS)-RX(ES)]-0.3(1.53)(2.50)[RY(RS)+RY(ES)])+1.0L+(0.2)(0.367)D
19	1.2D+1.0(1.0(1.53)(2.50)[RY(RS)+RY(ES)]+0.3(1.47)(2.50)[RX(RS)-RX(ES)])+1.0L+(0.2)(0.367)D
20	1.2D+1.0(1.0(1.53)(2.50)[RY(RS)-RY(ES)]+0.3(1.47)(2.50)[RX(RS)+RX(ES)])+1.0L+(0.2)(0.367)D
21	1.2D+1.0(1.0(1.53)(2.50)[RY(RS)+RY(ES)]-0.3(1.47)(2.50)[RX(RS)-RX(ES)])+1.0L+(0.2)(0.367)D
22	1.2D+1.0(1.0(1.53)(2.50)[RY(RS)-RY(ES)]-0.3(1.47)(2.50)[RX(RS)+RX(ES)])+1.0L+(0.2)(0.367)D
23	1.2D-1.0(1.0(1.47)(2.50)[RX(RS)+RX(ES)]+0.3(1.53)(2.50)[RY(RS)+RY(ES)])+1.0L+(0.2)(0.367)D
24	1.2D-1.0(1.0(1.47)(2.50)[RX(RS)-RX(ES)]+0.3(1.53)(2.50)[RY(RS)-RY(ES)])+1.0L+(0.2)(0.367)D
25	1.2D-1.0(1.0(1.47)(2.50)[RX(RS)+RX(ES)]-0.3(1.53)(2.50)[RY(RS)+RY(ES)])+1.0L+(0.2)(0.367)D
26	1.2D-1.0(1.0(1.47)(2.50)[RX(RS)-RX(ES)]-0.3(1.53)(2.50)[RY(RS)-RY(ES)])+1.0L+(0.2)(0.367)D
27	1.2D-1.0(1.0(1.53)(2.50)[RY(RS)+RY(ES)]+0.3(1.47)(2.50)[RX(RS)+RX(ES)])+1.0L+(0.2)(0.367)D
28	1.2D-1.0(1.0(1.53)(2.50)[RY(RS)-RY(ES)]+0.3(1.47)(2.50)[RX(RS)-RX(ES)])+1.0L+(0.2)(0.367)D
29	1.2D-1.0(1.0(1.53)(2.50)[RY(RS)+RY(ES)]-0.3(1.47)(2.50)[RX(RS)+RX(ES)])+1.0L+(0.2)(0.367)D
30	1.2D-1.0(1.0(1.53)(2.50)[RY(RS)-RY(ES)]-0.3(1.47)(2.50)[RX(RS)-RX(ES)])+1.0L+(0.2)(0.367)D
31	1.2D-1.0(1.0(1.47)(2.50)[RX(RS)+RX(ES)]+0.3(1.53)(2.50)[RY(RS)-RY(ES)])+1.0L+(0.2)(0.367)D
32	1.2D-1.0(1.0(1.47)(2.50)[RX(RS)-RX(ES)]+0.3(1.53)(2.50)[RY(RS)+RY(ES)])+1.0L+(0.2)(0.367)D
33	1.2D-1.0(1.0(1.47)(2.50)[RX(RS)+RX(ES)]-0.3(1.53)(2.50)[RY(RS)-RY(ES)])+1.0L+(0.2)(0.367)D
34	1.2D-1.0(1.0(1.47)(2.50)[RX(RS)-RX(ES)]-0.3(1.53)(2.50)[RY(RS)+RY(ES)])+1.0L+(0.2)(0.367)D
35	1.2D-1.0(1.0(1.53)(2.50)[RY(RS)+RY(ES)]+0.3(1.47)(2.50)[RX(RS)-RX(ES)])+1.0L+(0.2)(0.367)D
36	1.2D-1.0(1.0(1.53)(2.50)[RY(RS)-RY(ES)]+0.3(1.47)(2.50)[RX(RS)+RX(ES)])+1.0L+(0.2)(0.367)D
37	1.2D-1.0(1.0(1.53)(2.50)[RY(RS)+RY(ES)]-0.3(1.47)(2.50)[RX(RS)-RX(ES)])+1.0L+(0.2)(0.367)D

번호	하중조합
38	1.2D-1.0(1.0(1.53)(2.50)[RY(RS)-RY(ES)]-0.3(1.47)(2.50)[RX(RS)+RX(ES)])+1.0L+(0.2)(0.367)D
39	0.9D+1.3WX
40	0.9D+1.3WY
41	0.9D-1.3WX
42	0.9D-1.3WY
43	0.9D+1.0(1.0(1.47)(2.50)[RX(RS)+RX(ES)]+0.3(1.53)(2.50)[RY(RS)+RY(ES)])-(0.2)(0.367)D
44	0.9D+1.0(1.0(1.47)(2.50)[RX(RS)-RX(ES)]+0.3(1.53)(2.50)[RY(RS)-RY(ES)])-(0.2)(0.367)D
45	0.9D+1.0(1.0(1.47)(2.50)[RX(RS)+RX(ES)]-0.3(1.53)(2.50)[RY(RS)+RY(ES)])-(0.2)(0.367)D
46	0.9D+1.0(1.0(1.47)(2.50)[RX(RS)-RX(ES)]-0.3(1.53)(2.50)[RY(RS)-RY(ES)])-(0.2)(0.367)D
47	0.9D+1.0(1.0(1.53)(2.50)[RY(RS)+RY(ES)]+0.3(1.47)(2.50)[RX(RS)+RX(ES)])-(0.2)(0.367)D
48	0.9D+1.0(1.0(1.53)(2.50)[RY(RS)-RY(ES)]+0.3(1.47)(2.50)[RX(RS)-RX(ES)])-(0.2)(0.367)D
49	0.9D+1.0(1.0(1.53)(2.50)[RY(RS)+RY(ES)]-0.3(1.47)(2.50)[RX(RS)+RX(ES)])-(0.2)(0.367)D
50	0.9D+1.0(1.0(1.53)(2.50)[RY(RS)-RY(ES)]-0.3(1.47)(2.50)[RX(RS)-RX(ES)])-(0.2)(0.367)D
51	0.9D+1.0(1.0(1.47)(2.50)[RX(RS)+RX(ES)]+0.3(1.53)(2.50)[RY(RS)-RY(ES)])-(0.2)(0.367)D
52	0.9D+1.0(1.0(1.47)(2.50)[RX(RS)-RX(ES)]+0.3(1.53)(2.50)[RY(RS)+RY(ES)])-(0.2)(0.367)D
53	0.9D+1.0(1.0(1.47)(2.50)[RX(RS)+RX(ES)]-0.3(1.53)(2.50)[RY(RS)-RY(ES)])-(0.2)(0.367)D
54	0.9D+1.0(1.0(1.47)(2.50)[RX(RS)-RX(ES)]-0.3(1.53)(2.50)[RY(RS)+RY(ES)])-(0.2)(0.367)D
55	0.9D+1.0(1.0(1.53)(2.50)[RY(RS)+RY(ES)]+0.3(1.47)(2.50)[RX(RS)-RX(ES)])-(0.2)(0.367)D
56	0.9D+1.0(1.0(1.53)(2.50)[RY(RS)-RY(ES)]+0.3(1.47)(2.50)[RX(RS)+RX(ES)])-(0.2)(0.367)D
57	0.9D+1.0(1.0(1.53)(2.50)[RY(RS)+RY(ES)]-0.3(1.47)(2.50)[RX(RS)-RX(ES)])-(0.2)(0.367)D
58	0.9D+1.0(1.0(1.53)(2.50)[RY(RS)-RY(ES)]-0.3(1.47)(2.50)[RX(RS)+RX(ES)])-(0.2)(0.367)D
59	0.9D-1.0(1.0(1.47)(2.50)[RX(RS)+RX(ES)]+0.3(1.53)(2.50)[RY(RS)+RY(ES)])-(0.2)(0.367)D
60	0.9D-1.0(1.0(1.47)(2.50)[RX(RS)-RX(ES)]+0.3(1.53)(2.50)[RY(RS)-RY(ES)])-(0.2)(0.367)D
61	0.9D-1.0(1.0(1.47)(2.50)[RX(RS)+RX(ES)]-0.3(1.53)(2.50)[RY(RS)+RY(ES)])-(0.2)(0.367)D
62	0.9D-1.0(1.0(1.47)(2.50)[RX(RS)-RX(ES)]-0.3(1.53)(2.50)[RY(RS)-RY(ES)])-(0.2)(0.367)D
63	0.9D-1.0(1.0(1.53)(2.50)[RY(RS)+RY(ES)]+0.3(1.47)(2.50)[RX(RS)+RX(ES)])-(0.2)(0.367)D
64	0.9D-1.0(1.0(1.53)(2.50)[RY(RS)-RY(ES)]+0.3(1.47)(2.50)[RX(RS)-RX(ES)])-(0.2)(0.367)D
65	0.9D-1.0(1.0(1.53)(2.50)[RY(RS)+RY(ES)]-0.3(1.47)(2.50)[RX(RS)+RX(ES)])-(0.2)(0.367)D
66	0.9D-1.0(1.0(1.53)(2.50)[RY(RS)-RY(ES)]-0.3(1.47)(2.50)[RX(RS)-RX(ES)])-(0.2)(0.367)D
67	0.9D-1.0(1.0(1.47)(2.50)[RX(RS)+RX(ES)]+0.3(1.53)(2.50)[RY(RS)-RY(ES)])-(0.2)(0.367)D
68	0.9D-1.0(1.0(1.47)(2.50)[RX(RS)-RX(ES)]+0.3(1.53)(2.50)[RY(RS)+RY(ES)])-(0.2)(0.367)D
69	0.9D-1.0(1.0(1.47)(2.50)[RX(RS)+RX(ES)]-0.3(1.53)(2.50)[RY(RS)-RY(ES)])-(0.2)(0.367)D
70	0.9D-1.0(1.0(1.47)(2.50)[RX(RS)-RX(ES)]-0.3(1.53)(2.50)[RY(RS)+RY(ES)])-(0.2)(0.367)D
71	0.9D-1.0(1.0(1.53)(2.50)[RY(RS)+RY(ES)]+0.3(1.47)(2.50)[RX(RS)-RX(ES)])-(0.2)(0.367)D
72	0.9D-1.0(1.0(1.53)(2.50)[RY(RS)-RY(ES)]+0.3(1.47)(2.50)[RX(RS)+RX(ES)])-(0.2)(0.367)D
73	0.9D-1.0(1.0(1.53)(2.50)[RY(RS)+RY(ES)]-0.3(1.47)(2.50)[RX(RS)-RX(ES)])-(0.2)(0.367)D
74	0.9D-1.0(1.0(1.53)(2.50)[RY(RS)-RY(ES)]-0.3(1.47)(2.50)[RX(RS)+RX(ES)])-(0.2)(0.367)D

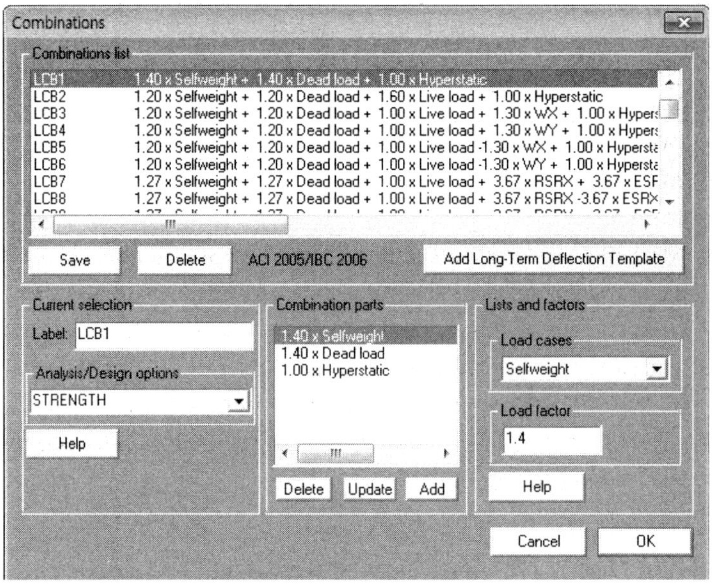

그림 4.15 **하중조합 입력**

4.4.4 텐던 모델링

대상건물의 전이기둥은 X방향과 Y방향으로 최소 5.2m, 최대 8.2m로 불규칙하게 배치되어 있다. 전이기둥 위치의 불규칙성을 고려하여 전이슬래브의 텐던은 그림 4.16과 같이 2방향으로 배치하고, 텐던의 곡률은 부착방식 텐던의 곡률에 의한 손실을 고

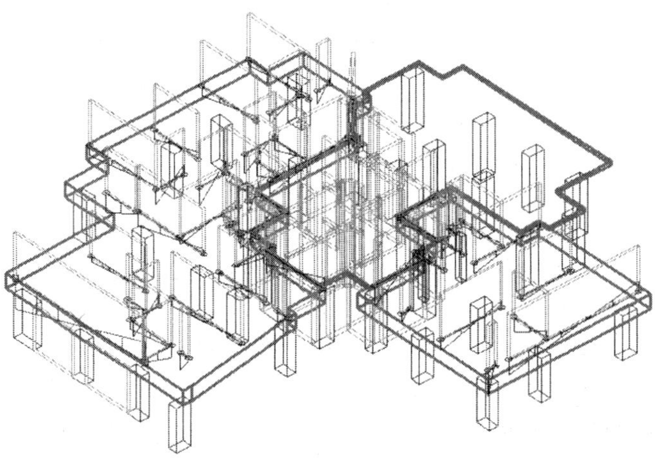

그림 4.16 **전이슬래브 텐던 모델링**

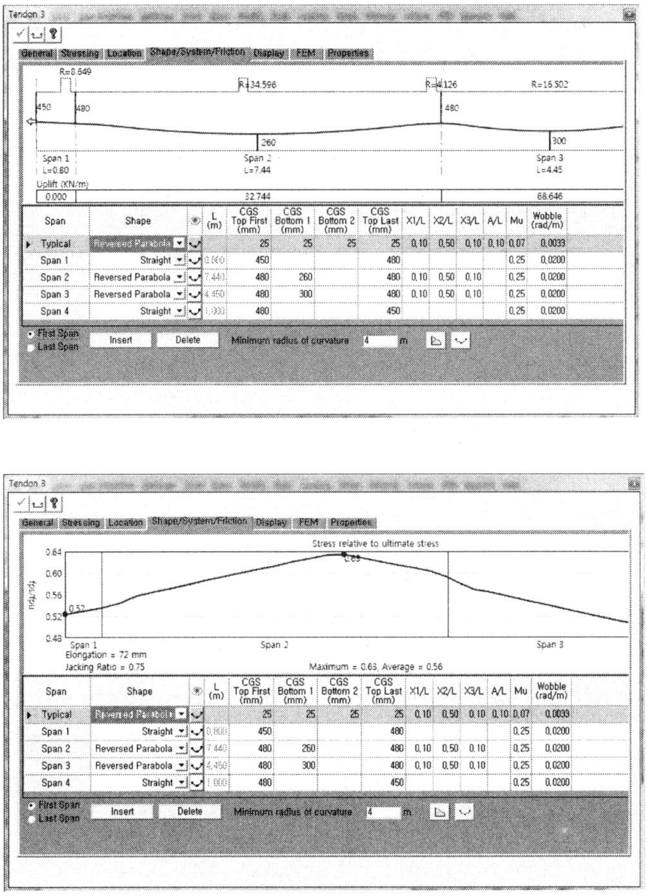

그림 4.17 **텐던 곡률 모델링**

려하여 그림 4.17과 같이 최소 곡률반경이 4m 이상 되도록 고점과 저점을 입력하여 모델링하였다.

4.4.5 기둥 열 입력

전이층 하부 전이기둥을 지점으로 하여 경간의 1/2에 해당하는 분담폭을 갖는 기둥 열, 즉 support line을 그림 4.18~4.19와 같이 모델링하였다. 기둥 열은 X방향과 Y방향으로 구분하여 서로 교차하지 않도록 모델링한다.

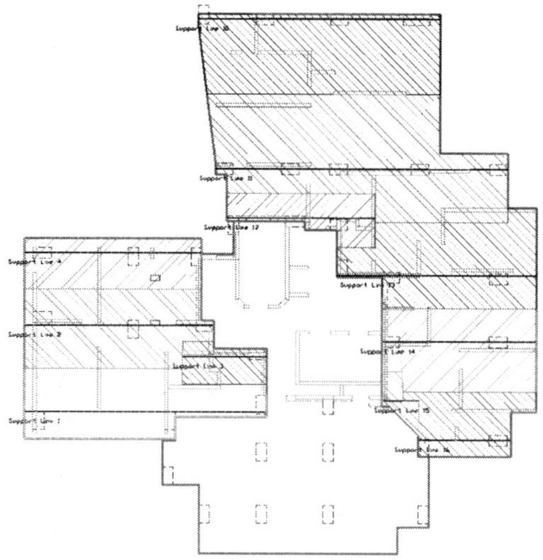

그림 4.18 **X방향 기둥 열**

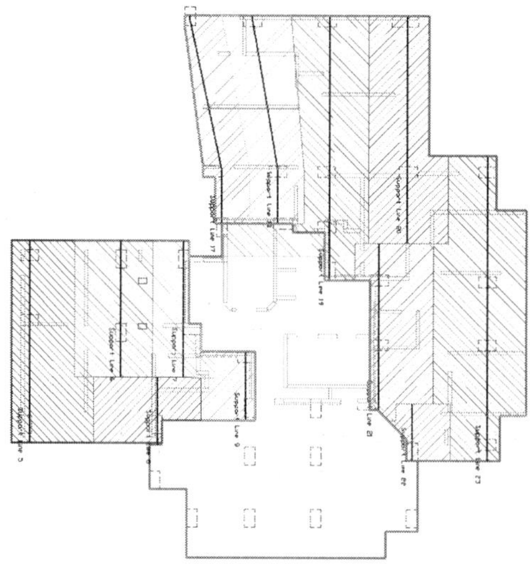

그림 4.19 **Y방향 기둥 열**

4.4.6 유한요소해석

전이슬래브의 메쉬를 그림 4.20과 같이 생성하여 유한요소해석을 수행하고, 그림 4.21과 같이 전이슬래브에 발생하는 장기처짐, 휨모멘트, 전단력 등을 검토한다.

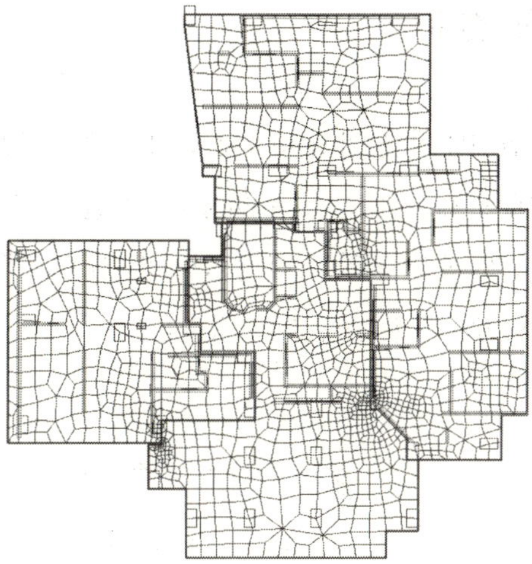

그림 4.20 **전이슬래브 메쉬 생성**

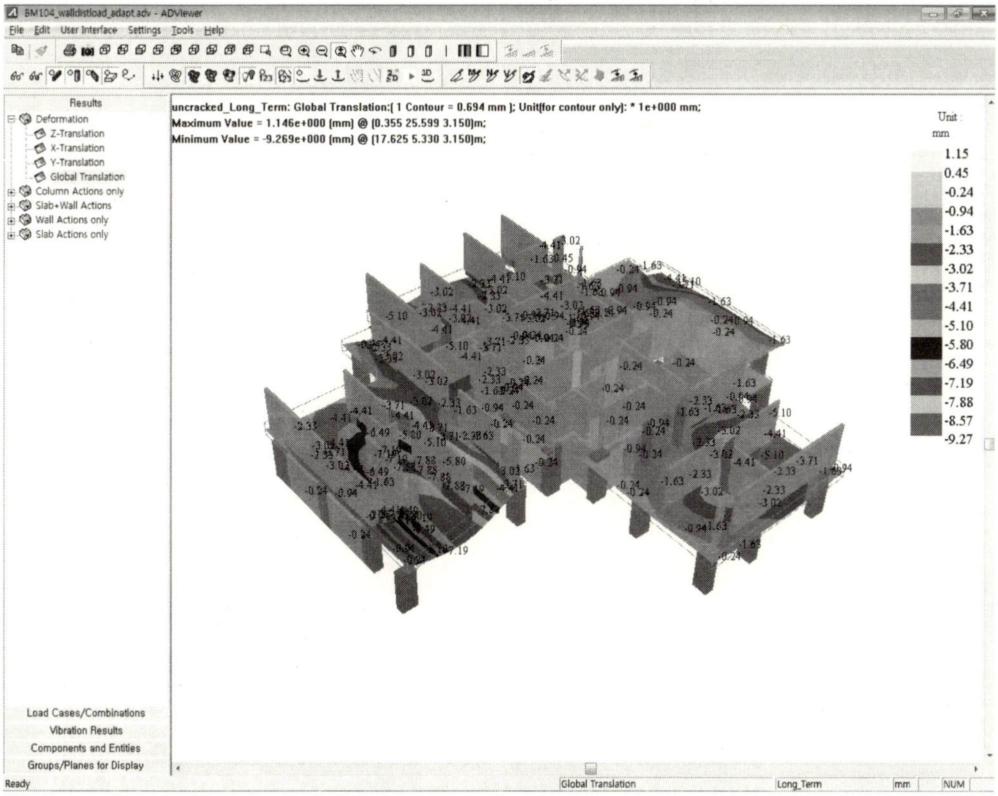

그림 4.21 **유한요소해석 결과**

4.4.7 허용응력 검토

기둥 열에 해당하는 설계대에서 발생하는 콘크리트 인장 및 압축응력값이 프리스트레스트 콘크리트 기준에서 제한하고 있는 허용응력값을 초과하지 않는지를 검토한다(그림 4.22, 4.23). 프리스트레스 도입 직후인 전이층 시공단계에서 허용인장응력이 초과할 경우 인장력에 저항할 수 있는 추가 보강철근을 인장구역에 배치할 수 있다.

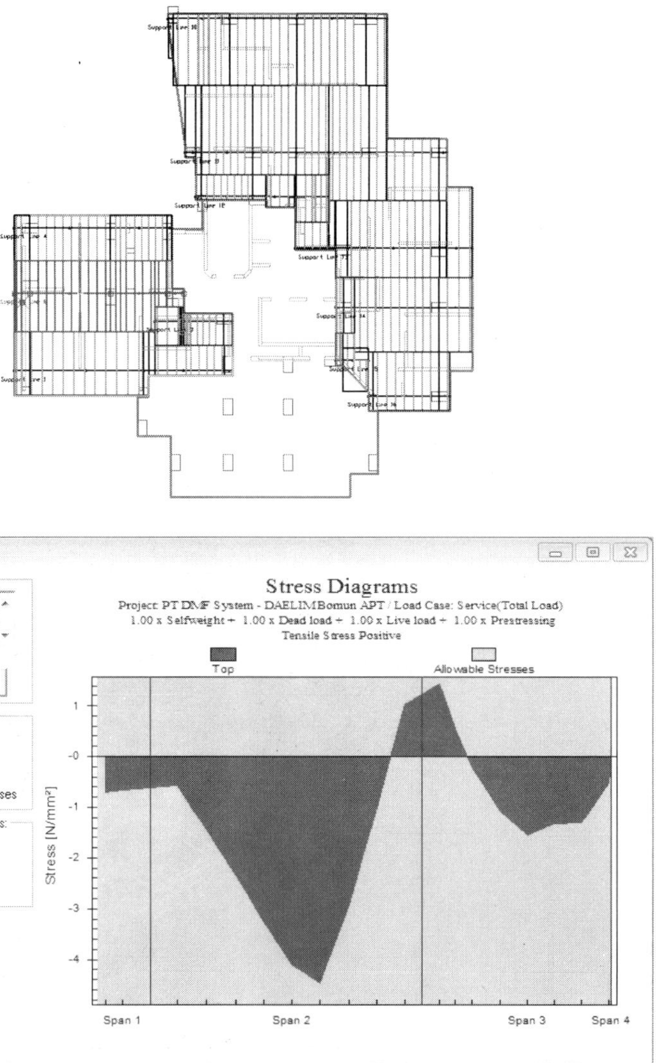

그림 4.22 **X방향 주열대 허용응력 검토**

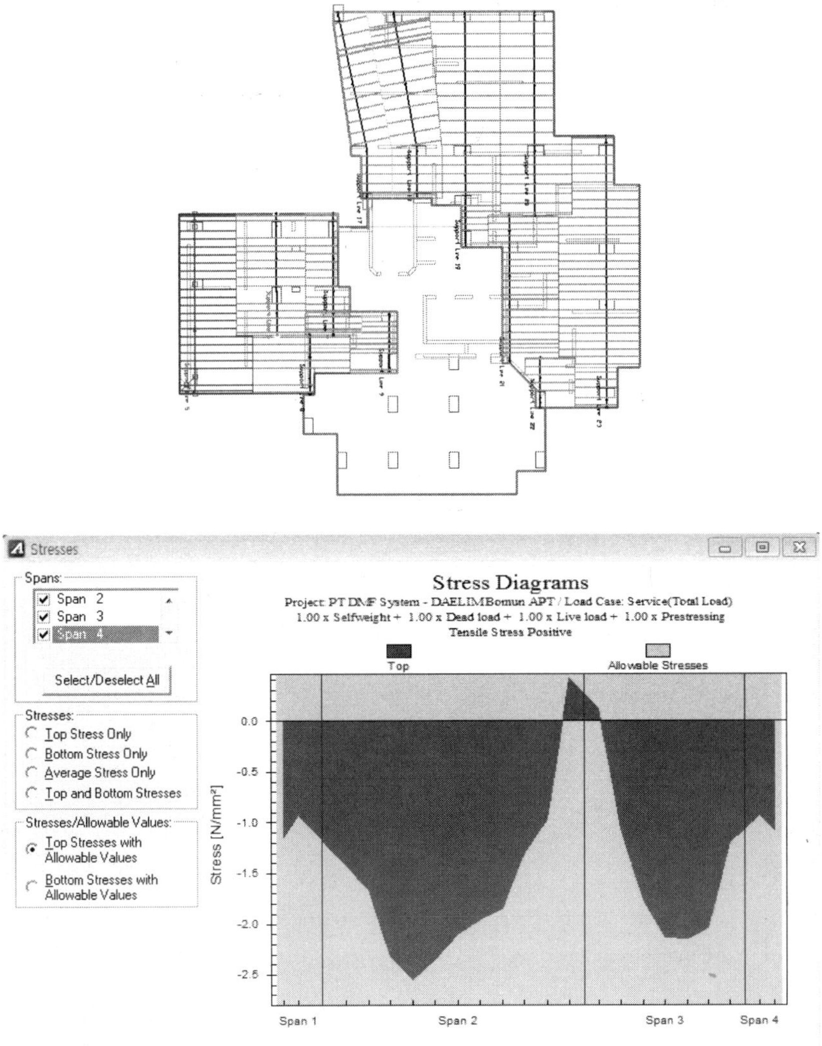

그림 4.23 **Y방향 설계대 허용응력 검토**

4.4.8 철근배근 설계

지진하중 및 풍하중과 같은 횡력의 작용으로 전이슬래브에 증가하는 추가 모멘트에 대해 철근배근 설계를 수행한다. 이 사례에서는 전이슬래브의 상하부 기본배근으로 D25@400(X & Y방향)을 배근하였고 추가 보강철근이 필요한 부분에만 별도의 상하부

철근을 추가하는 것으로 하였다(그림 4.24).

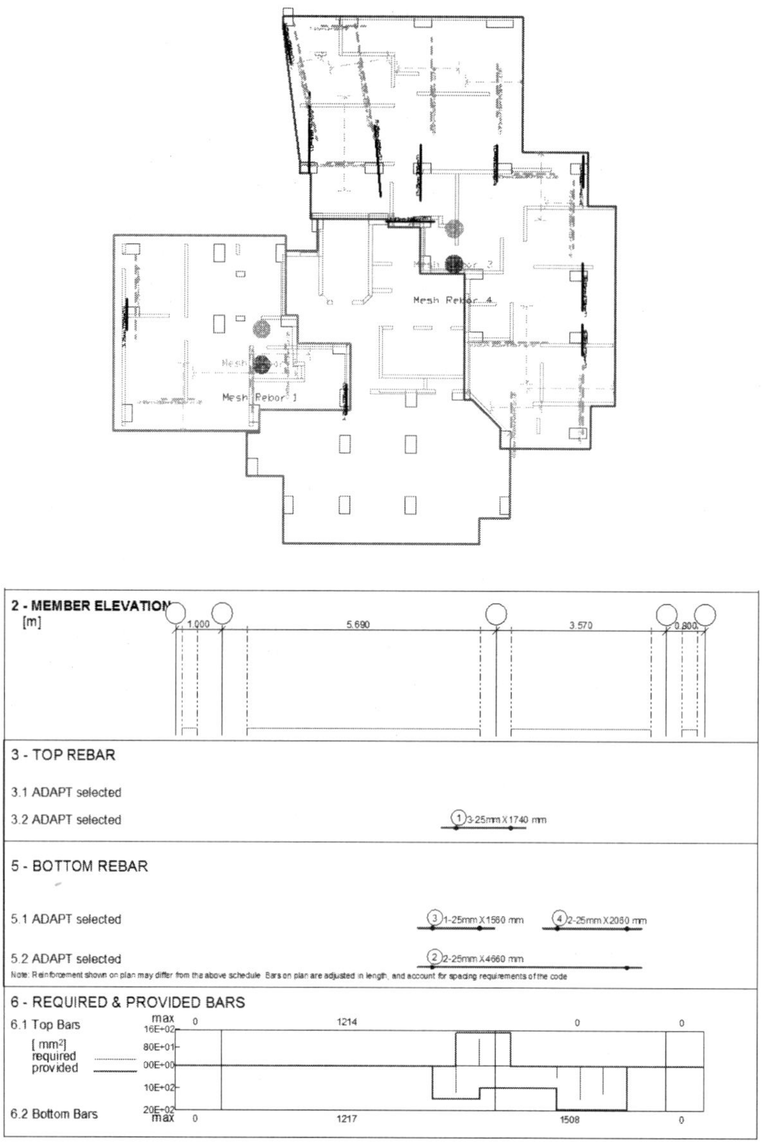

그림 4.24 전이슬래브 배근 설계

4.4.9 물량산출 및 경제성 분석

전이슬래브를 철근으로만 설계한 철근콘크리트 전이슬래브 설계 물량과 텐던과 철근을 혼용하여 설계한 PT 전이슬래브 설계 물량을 비교한 결과는 표 4.3과 같다. 전이슬래브에 포스트텐션을 도입함으로써 추가되는 텐던의 물량은 5.04톤인 반면 콘크리트와 철근의 물량은 기존 RC 전이슬래브 설계 대비 16%와 54%로 각각 감소하는 것으로 나타났다. 이러한 결과로 전이슬래브 공사비는 2014년 재료단가에 근거할 때 포스트텐션을 도입함으로써 4.9% 감소하는 것으로 분석되었다. 이 사례에서 검토한 전이슬래브 면적은 401.5m^{2}이고 철근콘크리트 전이슬래브 두께는 1.1m, 포스트텐션 전이슬래브 두께는 0.9m였다.

표 4.3 **물량산출 및 경제성 분석**

구분	RC 전이슬래브 두께=1,100mm (f_{ck}=30MPa)	PT 전이슬래브 두께=900mm (f_{ck}=35MPa)	절감률
텐던	-	5.04톤	
철근	54.6톤	25.3톤	-54%
콘크리트	441.6m^3	361.3m^3	-16%

제 5 장

포스트텐션 와플 슬래브 설계

5.1 개요

바닥판 구조의 2방향 슬래브 중에서 플랫 플레이트(그림 5.1(a))는 균일한 두께의 슬래브가 보 없이 기둥에 직접 지지되어 바닥하중이 전달되는 시스템으로서 상대적으로 하중이 가벼운 경우 6~9m 경간에서 주로 사용된다. 이러한 플랫 플레이트 구조에서 보다 긴 경간이 요구되거나 하중이 증가할 경우에 바닥하중을 기둥으로 전달하기 위해 요구되는 슬래브 두께는 휨에 의해 요구되는 슬래브 두께를 초과한다. 이때 패널 가운데 부분의 콘크리트는 효과적이지 못하게 되는데, 경간 중간에서 슬래브를 교

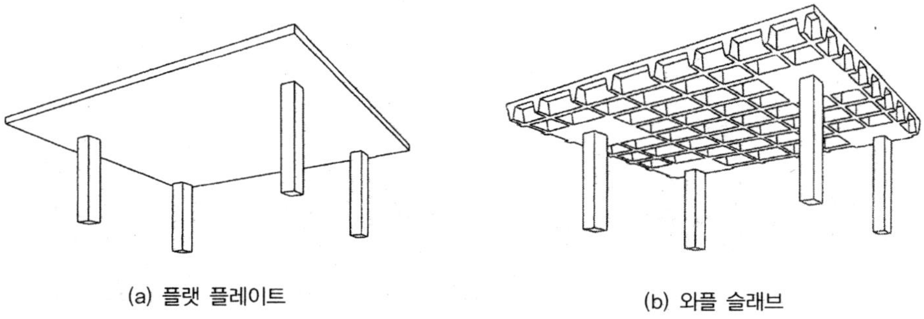

(a) 플랫 플레이트 (b) 와플 슬래브

그림 5.1 **2방향 슬래브 시스템**

차하는 리브를 도입하여 슬래브 자중을 줄이는 것이 바닥구조 시스템의 대안이 될 수 있다. 이러한 형태의 슬래브를 와플 슬래브(그림 5.1(b)) 또는 2방향 장선 시스템이라고 한다. 최근에는 와플 슬래브의 리브 사이에 텐던을 배치한 포스트텐션 와플 슬래브의 시공 사례가 늘고 있다. 와플 슬래브는 9~18m 경간에서 주로 사용되며 하중이 크거나 기본 모듈이 직사각형 형태인 경우에 효율적이다. 이 장에서는 해외에서 시공된 포스트텐션 와플 슬래브 시공 사례와 설계 방법을 소개하고자 한다.

5.2 포스트텐션 와플 슬래브 시공 사례

국내에서는 와플 슬래브를 시공한 사례가 많지 않으며 특히 포스트텐션을 도입한 와플 슬래브를 시공한 사례는 매우 드물다. 포스트텐션 와플 슬래브를 도입한 국내 사례는 1986년에 시공된 한밭도서관 정도가 있을 뿐이다. 그림 5.2는 미국 샌프란시스코 인근 지역에 위치한 AAU(Academy of Art University) 주차장이며 포스트텐션 와플 슬래브 공법이 적용되었다. 철근콘크리트 1방향 거더 위에 격자형 와플 슬래브가 얹혀지는 형태로써 적절한 장경간 공간을 구현하고 있다. 그림 5.3은 해외에서 시공된 포스트텐션 와플 슬래브의 텐던 배치 전경 사진이다. 포스트텐션 무량판 2방향 슬래브 개념으로 주열대가 양방향으로 계획되어 있고 주열대 내부에는 다량의 텐던이 집중 배치되어 있다. 또한 격자형 슬래브가 교차되는 리브 사이에는 최소한의 텐던이

그림 5.2 **와플 슬래브 시공 사례(Academcy of Art University 주차장, 미국 샌프란시스코)**

(a) 리브 교차구간 텐던 분산 배치

(b) 주열대 구간 텐던 집중 배치

그림 5.3 **포스트텐션 와플 슬래브 시공 사례(남아프리카공화국 요하네스버그)**

배치되어 양방향 분산 배치와 같은 형태로 포스트텐션 설계가 되어 있다. 이러한 포스트텐션 와플 슬래브는 콘크리트 비용이 다른 재료에 비해 상대적으로 고가이면서 장경간이 요구되는 경우에 슬래브 두께의 증가로 인한 층고 증가가 문제되지 않을 때 경제적인 시스템이다.

포스트텐션 와플 슬래브 설계에서는 부착 또는 비부착 텐던 방식의 사용이 모두 가능하지만 리브 사이에 텐던 배치가 한 가닥 또는 두 가닥 정도로 제한되는 점을 감안

그림 5.4 **비부착 텐던을 사용한 포스트텐션 와플 슬래브(ADAPT, 2010a)**

그림 5.5 **포스트텐션 중공슬래브 시공 사례**

하면 비부착 방식으로 설계하는 것이 일반적이다(그림 5.4). 리브 구간 하부에 배치되는 철근 역시 2가닥 이하로 제한되며 주간대에 해당하는 와플 슬래브 상부에는 온도철근 개념으로 경량 와이어 메쉬를 배근하게 된다. 기둥 주변에는 펀칭전단에 저항할 수 있도록 속이 찬 슬래브를 계획하게 되는데 속이 찬 슬래브 영역은 경간 및 하중조건에 따라 주열대 폭만큼 확장될 수 있다.

포스트텐션 와플 슬래브와 유사한 공법인 포스트텐션 중공슬래브 시공 사례는 주로 유럽에서 찾아볼 수 있다(그림 5.5). 중공슬래브는 스티로폼 재질의 중공재를 슬래브의 내부에 배치하여 자중 감소에 의한 경량화를 유도하는 시스템이지만 줄어든 단면적만큼 강성이 줄어들어 장경간 구현에는 불리한 단점이 있다. 이러한 단점을 보완하기 위해 중공재 사이에 텐던을 배치하여 장경간을 구현할 수 있다. 중공재의 형상은 제조사에 따라 원형 또는 사각형 형태로 다양하게 적용될 수 있으며 중공재 사이에는 와플 슬래브와 마찬가지로 부착 또는 비부착 방식의 사용이 모두 가능하다.

5.3 포스트텐션 와플 슬래브 설계 방법

5.3.1 와플 슬래브 모델링

구조해석 단계에서 와플 슬래브를 모델링하는 방법은 크게 두 가지가 있다. 첫 번째 방법은 와플 슬래브의 리브폭 및 두께를 실제 시공되는 치수와 동일하게 해석 프로그램상에서 모델링하는 방법이다(그림 5.6(a)). 이 방법은 정확한 해석값을 도출해 낼 수 있으나 모델링 작업의 정교함이 요구되고 해석 프로그램에 따라 모델링 작업에 어려움이 있을 수 있어 그림 5.6(b)와 같은 간소화된 모델링 방법을 사용하기도 한다. 두 번째 방법은 와플 슬래브를 이상화된 하나의 설계대로 압축하여 모델링하는 방법이다. 이상화된 설계대는 실제 설계대와 거의 유사한 단면적과 단면성능을 가지며 그림 5.7과 같은 방법으로 리브폭을 간소화할 수 있다.

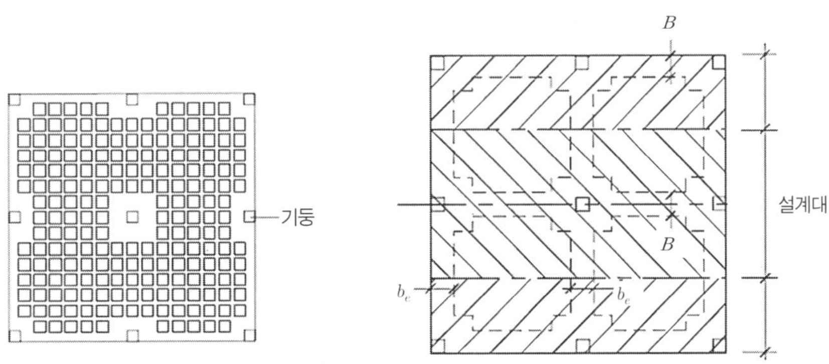

(a) 정교한 모델링 방법 (b) 간소화된 모델링 방법

그림 5.6 **와플 슬래브 모델링**(ADAPT, 2010b)

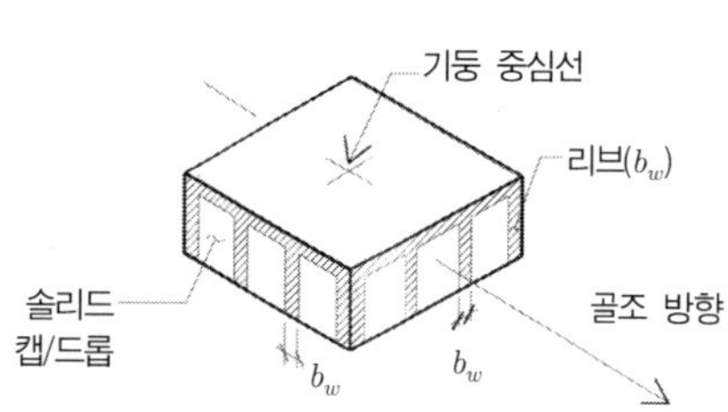

(a) 와플 솔리드

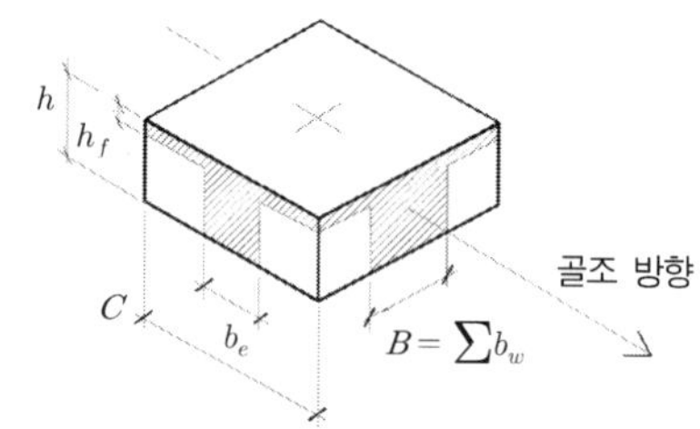

(b) 간소화된 리브

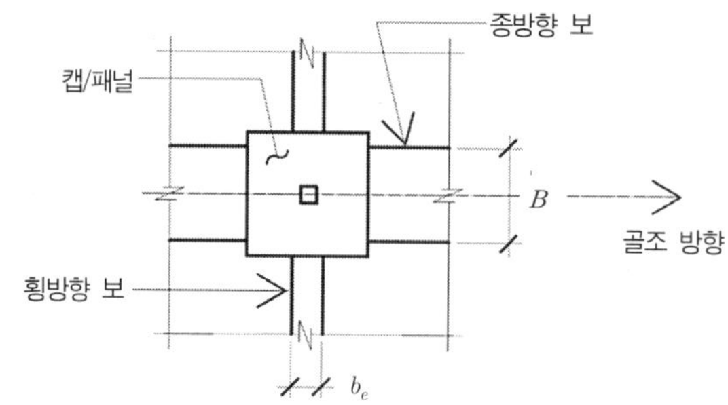

(c) 간소화 된 구조 모델의 평면도

그림 5.7 와플 슬래브의 간소화 방법

그림 5.7(b)에서 와플 슬래브 각각의 리브폭 b_w은 구조해석 방향의 보 요소에 해당하는 폭($B = \sum b_w$)으로 이상화될 수 있다. 또한 직교 방향으로 비틀림을 받는 리브폭 b_w도 각각의 리브폭의 합 b_e로 이상화되어 구조해석에 반영될 수 있다.

그림 5.8과 같이 일정한 크기의 리브폭과 두께를 가지는 와플 슬래브의 비틀림 상수 J는 길이의 1/3에 두께의 세제곱 승을 곱한 식 (5.1)과 같이 구할 수 있다.

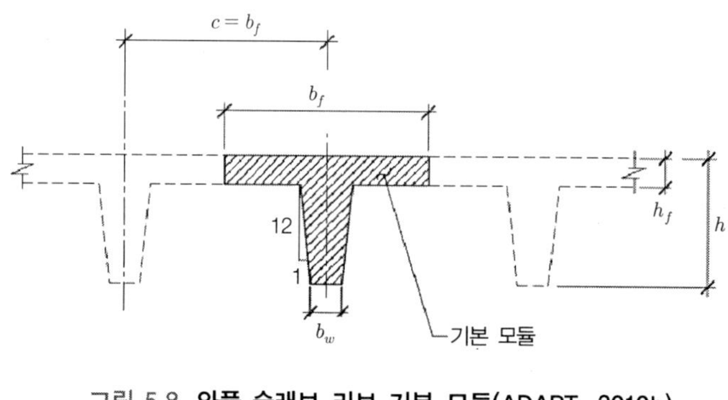

그림 5.8 와플 슬래브 리브 기본 모듈(ADAPT, 2010b)

$$J = \frac{c \times h_f^3}{3} + \sum \frac{(h - h_f) \times b_w^3}{3} \tag{5.1}$$

식 (5.1)로부터 와플 슬래브의 유효비틀림 상수 J_e는 리브 형상 및 두께에 따라 식 (5.2)~(5.3)으로 산정되고 등가 유효폭 b_e은 식 (5.4)~(5.5)에 의해 산정할 수 있다.

$$b_e < h - h_f \text{일 경우, } J_e = \frac{c \times h_f^3}{3} + \frac{b_e^3 \times (h - h_f)}{3} \tag{5.2}$$

$$b_e > h - h_f \text{일 경우, } J_e = \frac{c \times h_f^3}{3} + \frac{b_e \times (h - h_f)^3}{3} \tag{5.3}$$

식 (5.1)과 (5.2)가 같다고 보면 다음과 같이 b_e를 산정할 수 있다.

$$b_e < h - h_f \text{일 경우, } b_e = \left(\sum b_w^3\right)^{(1/3)} \tag{5.4}$$

식 (5.1)과 (5.3)이 같다고 보면 다음과 같이 b_e를 산정할 수 있다.

$$b_e > h - h_f \text{일 경우, } b_e = \sum \frac{b_w^3}{(h - h_f)^2} \tag{5.5}$$

5.3.2 와플 슬래브 계획

와플 슬래브는 기둥 사이 경간의 가로 대 세로 비율이 2를 초과하지 않는 경우에 경제적으로 활용되는 시스템이다(그림 5.9(a)). 반면 경간의 비율이 2를 초과하는 경우에는 그림 5.9(b)와 같은 조이스트 슬래브를 적용하는 것이 경제적이다. 조이스트 슬래브 역시 포스트텐션을 도입할 수 있으며 단변 방향 리브에만 텐던을 분산 배치하고 장변 방향 리브에는 텐던을 배치하지 않는 것이 일반적이다. 장변 방향 리브는 단변 방향 리브로부터 전달되는 하중을 분산시키는 역할을 하기 때문이다. 반면 와플 슬래브에서는 하중조건 및 경간에 따라 텐던을 한방향 또는 양방향으로 배치할 수 있으며 주열대 구간에 속이 찬 슬래브 영역을 둔 경우에는 텐던을 집중 배치하여 사용성과 강도조건을 모두 만족시킬 수 있다.

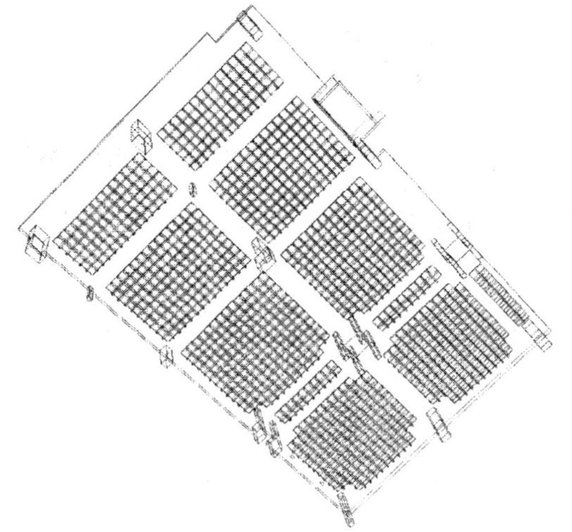

(a) 와플 슬래브

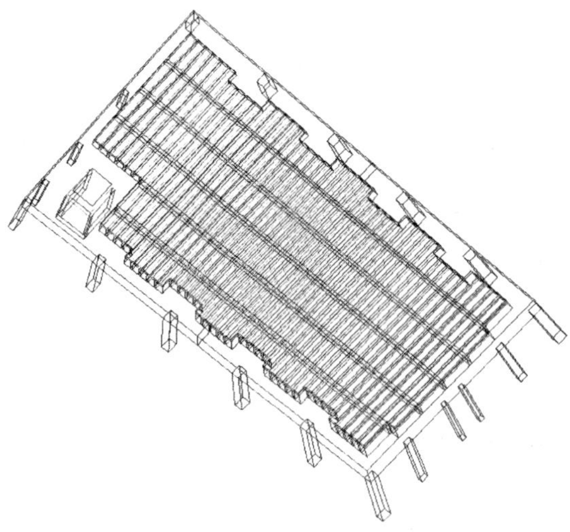

(b) 조이스트 슬래브

그림 5.9 **와플 슬래브와 조이스트 슬래브**(ADAPT, 2010a)

와플 슬래브 계획은 속이 찬 슬래브 영역을 기둥 주변만 두는 경우와 주열대 구간까지 확장시키는 경우로 나누어 볼 수 있다(그림 5.10). 그림 5.10(a)는 기둥 주변에만 펀칭전단에 취약하지 않도록 속이 찬 슬래브를 도입하고 나머지 영역에 와플 슬래브를 도입한 사례이다. 경간이 길지 않거나 바닥하중이 상대적으로 크지 않은 경우에 이러한 배치를 도입할 수 있고 기둥 주변에는 뚫림전단에 취약하지 않도록 전단보강

상세를 적용할 수 있다. 그림 5.10(b)는 기둥과 기둥 사이 주열대 구간에 속이 찬 슬래브를 도입하고 주간대 부분에 와플 슬래브를 도입한 경우이다. 경간이 길거나 바닥 하중이 큰 경우에 적용되는 방식으로 주열대 구간에 텐던을 집중 배치할 수 있어 요구되는 처짐 및 강도조건을 만족시키기 용이한 와플 슬래브 형식이다.

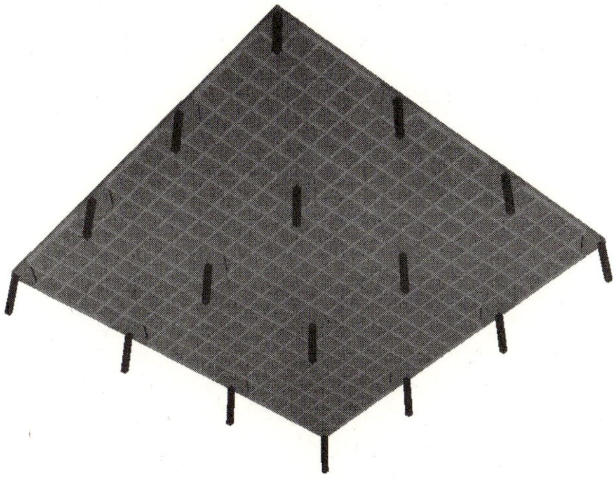

(a) 기둥 주변만 속이 찬 와플 슬래브

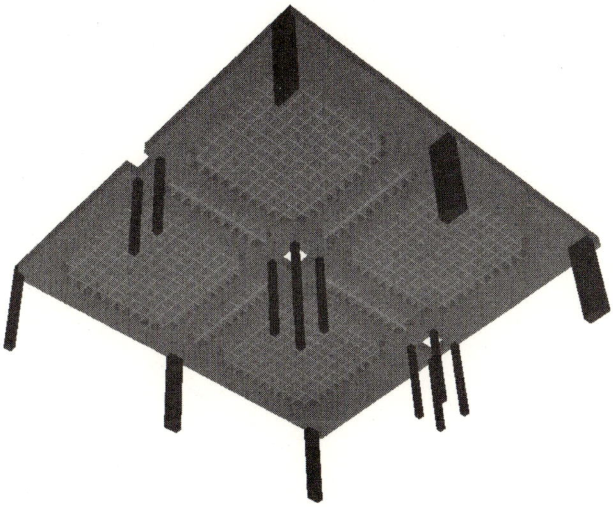

(b) 주열대 구간의 속이 찬 와플 슬래브

그림 5.10 **와플 슬래브 계획**

5.3.3 포스트텐션 계획

기둥 주변에만 속이 찬 와플 슬래브에서의 텐던은 모든 리브 사이에만 분산 배치된다(그림 5.11(a)). 하중조건과 경간에 따라 텐던을 양방향으로 배치할 수도 있지만 요구되는 처짐과 응력 수준을 만족시킬 수 있으면 한쪽 방향으로만 텐던을 배치할 수 있다. 반면 주열대 구간에 속이 찬 슬래브를 도입한 와플 슬래브에서는 텐던을 양방향으로 배치하는 것이 가능하다(그림 5.11(b)). 대부분 하중이 크거나 경간이 긴 경우에 후자의 형식을 도입하기 때문에 주열대 구간에 다량의 텐던을 집중 배치하여 사용

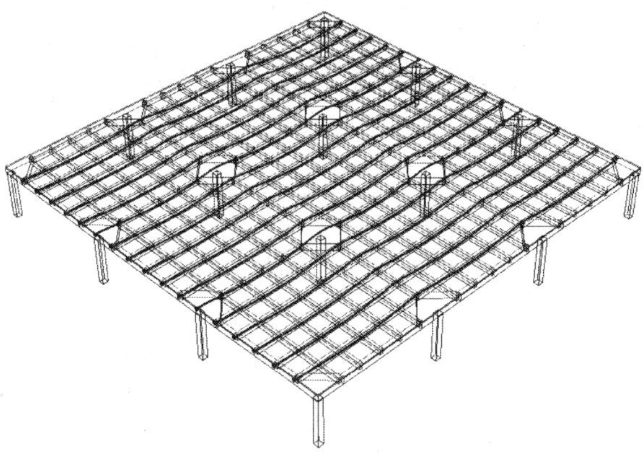

(a) 기둥 주변에만 속이 찬 와플 슬래브

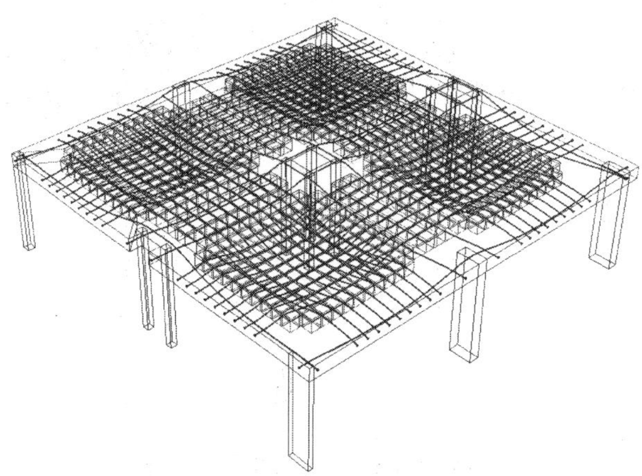

(b) 주열대 구간의 속이 찬 와플 슬래브

그림 5.11 **와플 슬래브 포스트텐션 계획**

성 및 강도조건을 만족시키고 와플 슬래브 리브 사이에는 텐던을 분산 배치하여 장기 처짐을 제어한다.

5.4 포스트텐션 와플 슬래브 설계 사례

5.4.1 대상건물 평면도

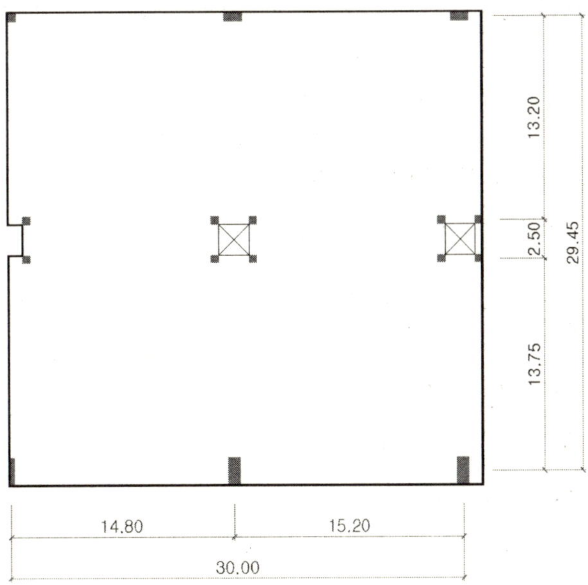

그림 5.12 **대상건물 평면도(단위 : m)**

설계 사례는 기둥과 기둥 사이 경간이 13.2~15.2m에 달하는 정방형 평면을 대상으로 소개하고자 한다(그림 5.12). 내부 기둥 크기는 500×500mm, 외부 기둥 크기는 800×1,800mm이고, 슬래브 두께는 사용 층고와 와플 슬래브 설계의 리브 깊이를 고려하여 650mm로 가정하였다.

5.4.2 구조설계 일반사항

이 절에서 설명하는 포스트텐션 와플 슬래브 설계는 국내 콘크리트구조기준-12의 9장 프리스트레스트 콘크리트 규정에 따라 수행하였다. 설계에 사용된 강연선 규격은 KS D 7002이고 비부착 방식의 단일 강연선을 사용하였다. 구조해석 프로그램은 A社의 ADAPT-Builder(2012)를 사용하였다.

1) 적용 설계기준

(a) 콘크리트구조기준-12

(b) Building Code Requirements for Structural Concrete(ACI 318-11)

2) 강연선 규격

(a) KS D 7002(Grade 270 저이완 7연선)

(b) PC 7연선 SWPC7BL 저이완 긴장재(ϕ12.7mm)

3) 텐던 성능

(a) 파상마찰계수 : $k = 0.0033/\mathrm{m}$

(b) 곡률마찰계수 : $\mu = 0.07/\mathrm{rad}$

(c) 정착구 슬립 : 최대 6mm

(d) 장기손실 : 80MPa

(e) 긴장응력 : 최대 인장강도의 80%

5.4.3 구조해석 모델링

대상건물의 기둥 배치를 고려하여 계획된 와플 슬래브 영역은 그림 5.13(a)와 같다. 와플 슬래브의 리브폭은 180mm, 깊이는 650mm이고 가로 및 세로 방향으로 모두 900mm 등간격의 리브를 배치하였다.

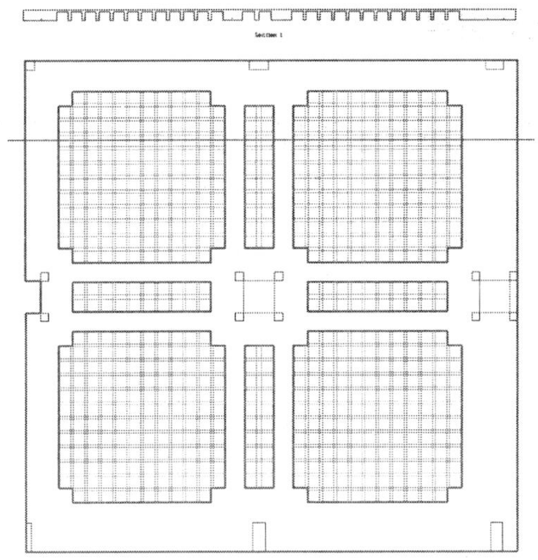

(a) 와플 슬래브 계획

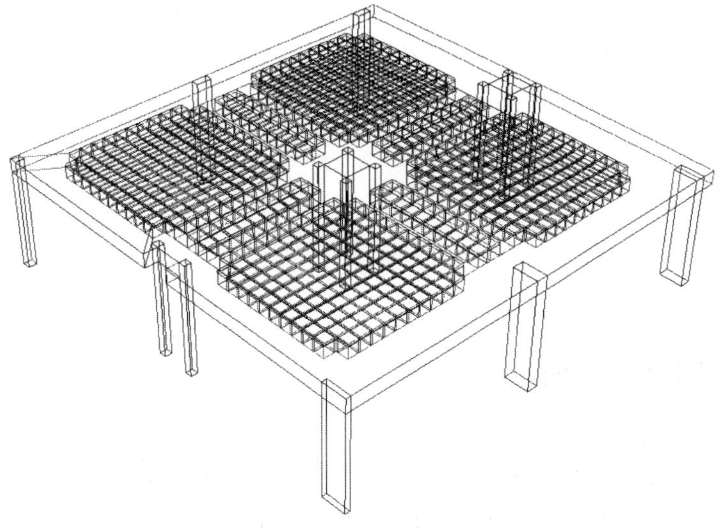

(b) 와플 슬래브 모델링

그림 5.13 **구조해석 모델링**

5.4.4 설계하중 입력

설계하중으로는 자중을 제외한 고정하중 2.0kN/m^{2}와 적재하중 1.5kN/m^{2}를 입력하였다(그림 5.14). 이때 와플 슬래브 자중은 바닥하중으로 따로 입력하지 않고 해석 프로그램상에서 자동으로 고려될 수 있도록 설정하였다.

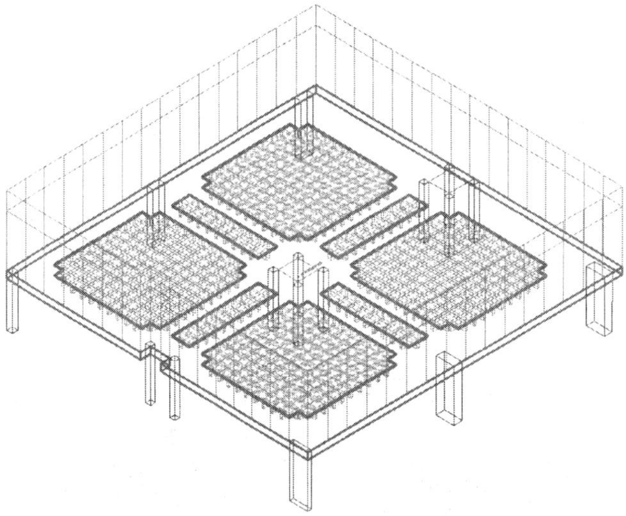

그림 5.14 **설계하중 입력**

5.4.5 텐던 모델링

텐던 배치는 와플 슬래브 리브 사이에는 1개씩 분산 배치하고 기둥과 기둥 사이 주열대 구간에는 10~12개씩 집중 배치한다(그림 5.15(a)). 텐던의 곡률은 경간의 중앙부 하부로부터 40mm, 단부 상부로부터 40mm가 되도록 배치하여 슬래브 내부에서 최대 570mm의 높이 차이를 갖도록 모델링한다(그림 5.15(b)). 텐던은 12.7mm의 비부착 강연선을 사용하였다.

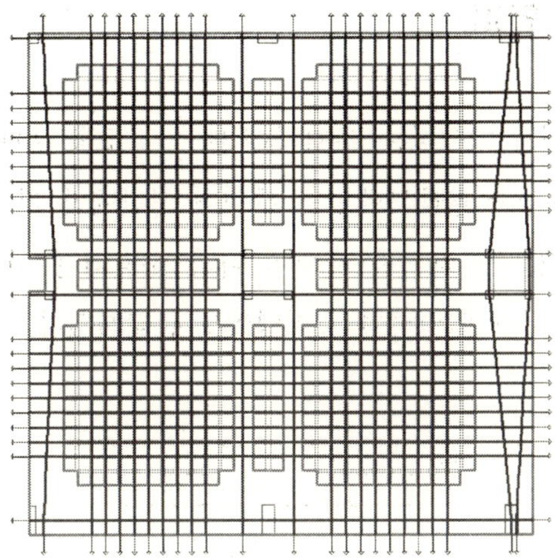

(a) 와플 슬래브 텐던 배치

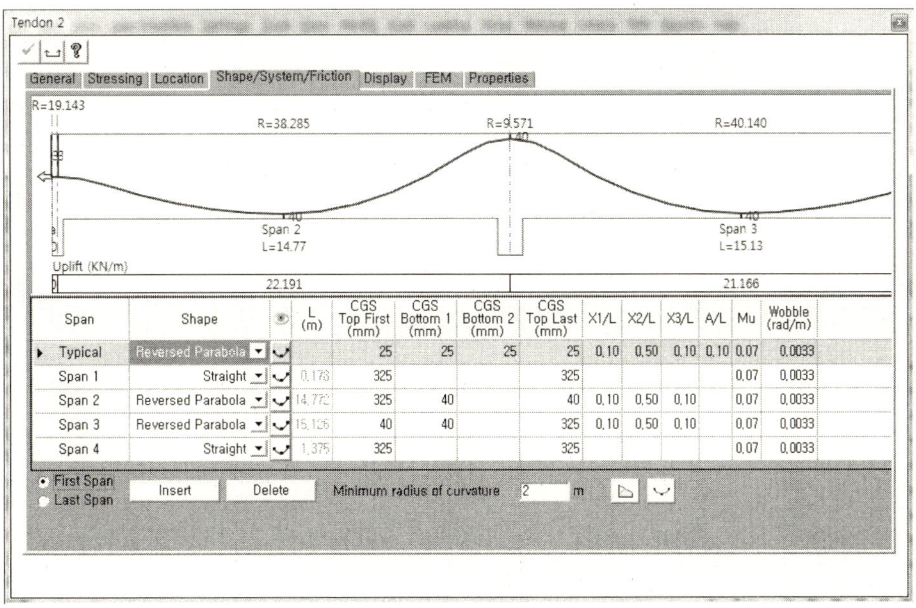

(b) 텐던 곡률 속성

그림 5.15 **텐던 모델링**

5.4.6 기둥 열 입력

와플 슬래브 설계대에서 발생하는 부재력과 배근 검토를 위해 기둥 열을 그림 5.16과 같이 입력하였다. 무량판 슬래브에서는 주열대 구간에만 기둥 열을 입력하는 것이 일반적이지만 와플 슬래브는 리브폭 계획에 따라 분담되는 영역이 달라지기 때문에 그림 5.16과 같이 기둥 열을 입력하여 설계영역을 분할하였다.

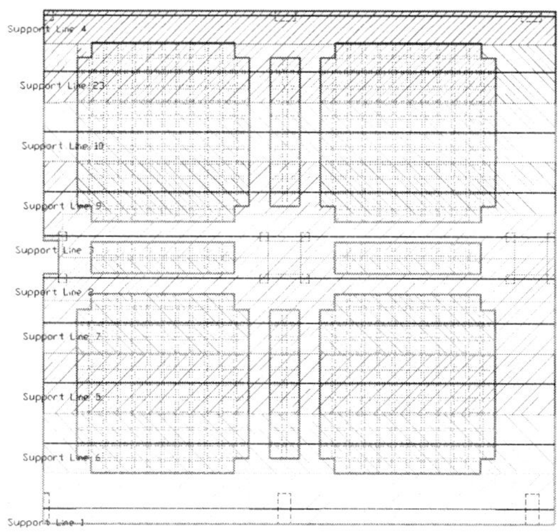

(a) 기둥 열(X방향)

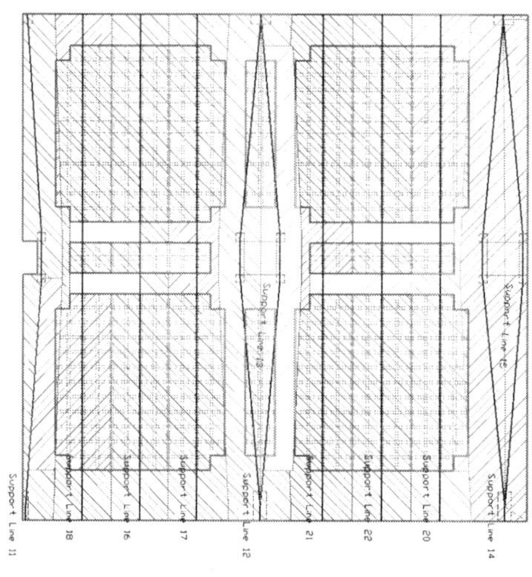

(b) 기둥 열(Y방향)

그림 5.16 **기둥 열 입력**

5.4.7 유한요소해석 및 결과

기존 슬래브 해석과 동일하게 와플 슬래브 메쉬를 1.0~1.5m 폭으로 분할하여 유한요소해석을 수행하였다(그림 5.17). 해석결과로부터 그림 5.18과 같이 처짐을 검토하였으며 기둥 열로 구분된 설계대에서 발생하는 휨모멘트, 전단력 등을 검토하여 배근 설계를 수행하였다.

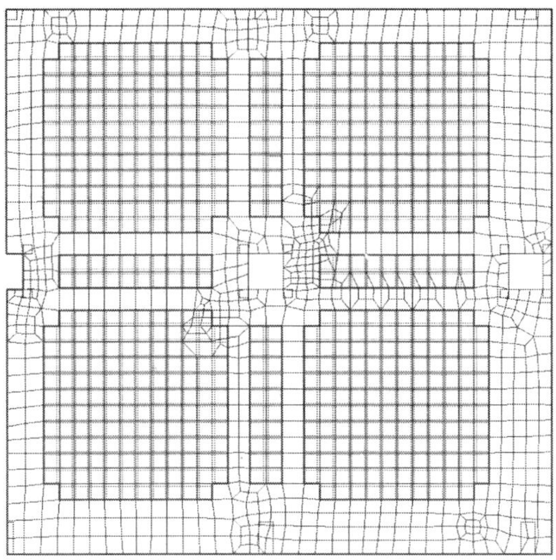

그림 5.17 **와플 슬래브 메쉬 생성**

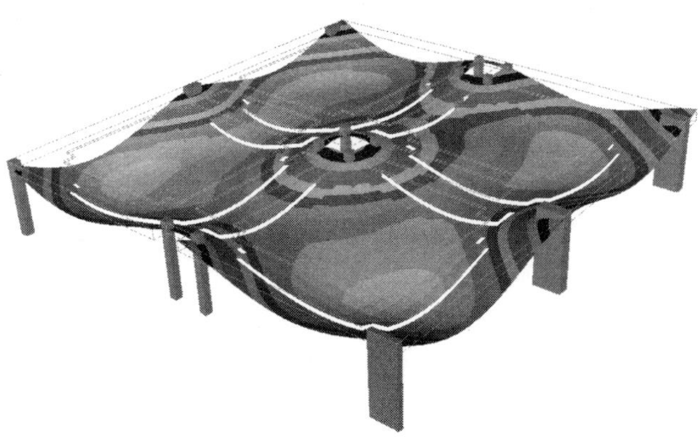

그림 5.18 **와플 슬래브 처짐 검토**

5.4.8 허용응력 및 배근 검토

사용하중 및 초기 또는 유효긴장력에 의해 발생하는 압축·인장응력이 구조기준에서 명시하는 콘크리트 허용응력을 초과하지 않는지를 확인하며 사용성 검토를 수행하였다(그림 5.19). 또한 포스트텐션 와플 슬래브에서 텐던 이외에 추가해야 할 일반 철근량도 설계대 별로 검토하여 배근설계를 마무리하였다.

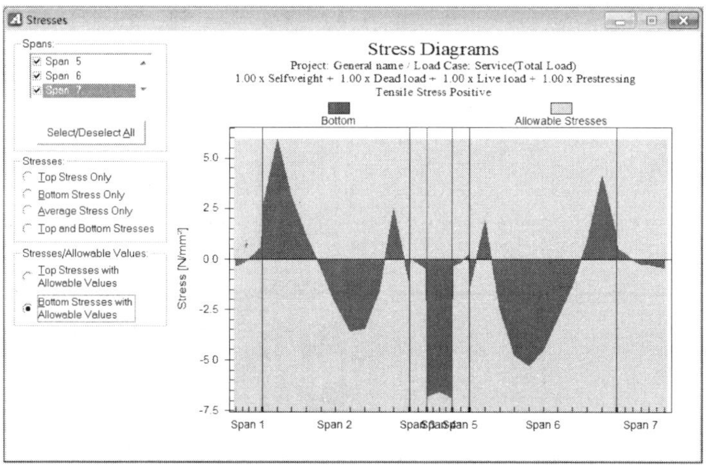

그림 5.19 **와플 슬래브 응력 검토**

그림 5.20에서 예시된 단면설계는 모델링에서 지정한 기둥 열 10에 해당하는 영역에 대하여 프로그램에서 자동 배근된 예이며, 이 영역에는 4개의 리브가 포함되어 있다. 만약 단면검토 결과, 리브당 필요한 하부철근의 개수가 13mm 지름 이하의 철근 2개를 초과한다면 리브의 간격이나 크기를 조정하여 재검토하는 것이 바람직하다.

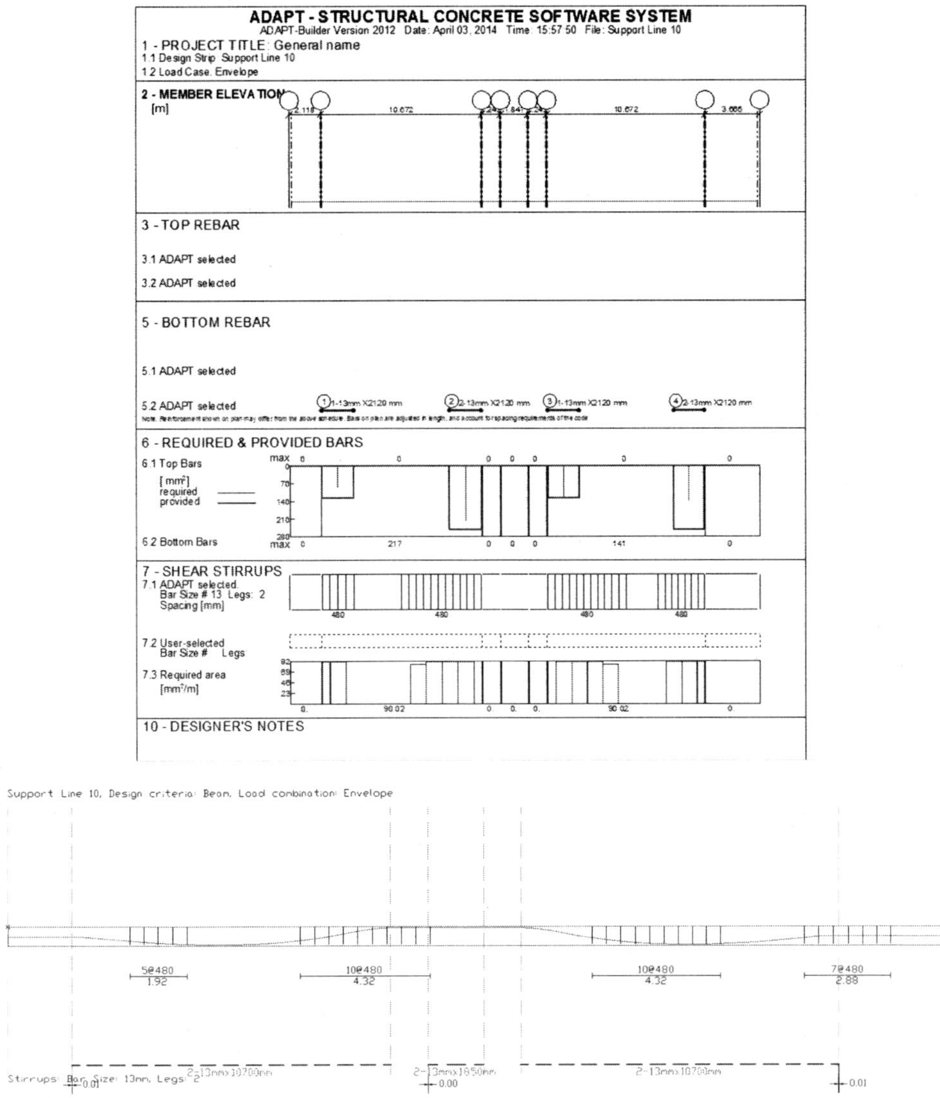

그림 5.20 와플 슬래브 배근 검토

제 6 장 주차장 · 물류센터의 프리스트레스트 PC 공법

6.1 개요

1956년 국내에 최초의 프리캐스트 콘크리트(Precast Concrete; 이하 PC) 공장이 세워진 이래 하프 슬래브와 같이 프리스트레스를 적용하지 않은 콘크리트 위주였던 PC 바닥판이 DTS(Double Tee Slab) 및 HCS(Hollow Core Slab)와 같은 프리스트레스트 콘크리트(Pre-Stressed Concrete; 이하 PSC) PC 바닥판으로 점차 대체되고 있으며, 이외에도 다양한 프리스트레스가 도입된 PC 슬래브 공법이 시도되고 있다. 최근에는 습식공법과 건식공법을 혼용하는 경우도 많은데, 이때 콘크리트 선행 부재와 후속 부재 간의 접합에 주의해야 한다(강현구 외, 2014). 국내 건축구조물에서 PSC 공법이 가장 활발하게 적용되고 있는 분야로 공동주택의 지하주차장과 물류센터가 있으며, 이 장에서는 이러한 건물의 PSC 공법 적용에 있어 고려해야 할 사항을 기술하였다.

PC 공법은 무거운 자재를 조립하는 과정에서 장비를 사용하기 때문에 단위부재를 가급적 가볍게 하여 전체적인 물량을 줄이면서 동시에 전체 부재수량을 줄이는 것이 중요하다. 또한 층고가 높을 경우 동바리 설치 및 해체에 비용과 공기의 소요가 크므로 PC 공법의 장점인 공기단축효과를 극대화하기 위해서 동바리가 없는 무지주 PC

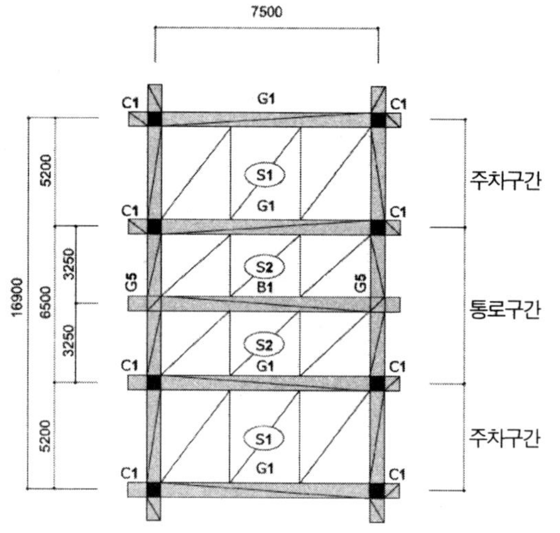

그림 6.1 **기존의 2방향 바닥구조(16.9×7.5m 평면 내 수평부재 19개)**

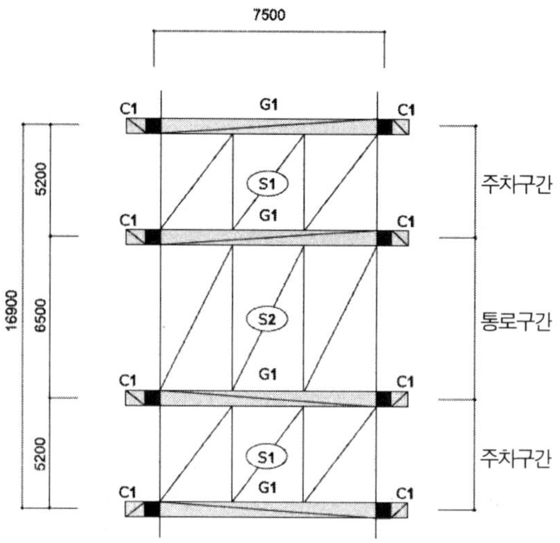

그림 6.2 **PC 1방향 바닥구조(16.9×7.5m 평면 내 수평부재 12개)**

바닥구조를 적용한다(그림 6.1과 6.2 참조). 이때 시공하중과 굳지 않은 콘크리트 하중에 의한 처짐제어를 위해서는 프리스트레스를 적용하는 것이 좋다.

여전히 프리스트레스를 적용하지 않은 PC 바닥판도 사용되고 있는 만큼, 건축구조물에 있어서 프리스트레스의 도입은 프로젝트의 특성에 따라 선택할 수 있는 사항이다. 따라서 이 실무지침에서는 프리스트레스트 PC 공법 위주로 소개하고자 한다.

6.2 프리스트레스트 슬래브 공법별 특징

6.2.1 중공 PC 슬래브(Hollow Core Slab 또는 HCS)

중공 PC 슬래브(HCS)는 특히 유럽에서 많이 활용되고 있는 PC 바닥판으로 국내에서도 세 곳의 공장에서 생산되고 있다(그림 6.3~6.5). 일반적인 철근콘크리트 구조의 바닥과 달리 1.2m 또는 2.4m 폭의 HCS는 철근을 전혀 사용하지 않고 강연선과 콘크리트로만 부재를 형성하고 있으며, 전단보강근이나 폭 방향의 보강근 또한 없는 것이 일반적이다. 또한 생산방식에서 강연선 긴장, 성형 및 양생 후 절단과정을 거치기 때문에 경사 절단이나 길이 방향 절단도 가능해서 HCS가 거치되는 양쪽의 보가 평행하지 않은 곳에도 대응이 가능하다.

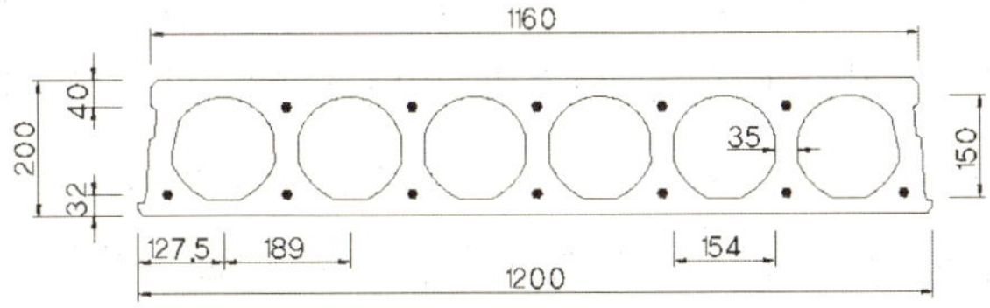

그림 6.3 A社의 HCS 단면 형상(단위 : mm)

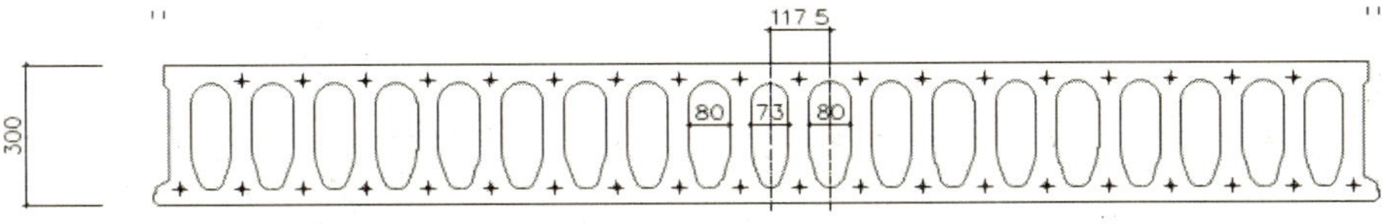

그림 6.4 B社의 HCS 단면 형상(단위 : mm)

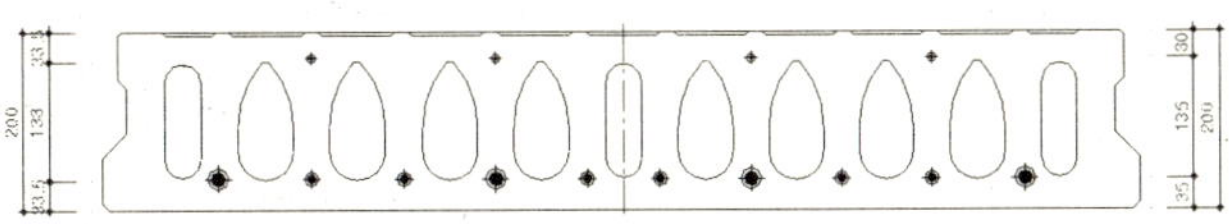

그림 6.5 C社의 HCS 단면 형상(단위 : mm)

별도의 거푸집 없이 콘크리트가 굳지 않은 상태에서 성형을 해야 하기 때문에 슬럼프가 매우 낮은 콘크리트를 사용하고 있으므로 콘크리트의 강도뿐만 아니라 성형성, 마감 상태 등의 굳지 않은 콘크리트 품질에 민감한 제품이다. 성형기계에 따라 생산 가능한 부재의 높이와 폭이 제한된다. 성형 방법에 따라서는 콘크리트를 압밀해서 한꺼번에 성형을 하는 압출성형(extruder) 방식과 콘크리트를 몇 개의 층으로 나누어 타설하여 성형을 하는 슬립폼(slip former) 방식이 있다.

HCS는 강연선의 편심에 의한 캠버가 있는 것이 보통이며, 이러한 캠버는 토핑 콘크리트 타설이나 마감에 영향을 주기 때문에 사전에 검토하여 그 영향을 최소화하는 방향으로 설계에 반영한다.

6.2.2 더블티 슬래브(Double Tee Slab 또는 DTS) 계열

더블티 슬래브(DTS)는 미국에서 주차장 등에 많이 사용하고 있으며(그림 6.6과 6.7), 국내에서는 우리 상황에 맞게 단부의 형태를 개선한 MRS(Multi Ribbed Slab), MTS(Multi Tee Slab)와 같은 공법을 적극적으로 활용하고 있다(그림 6.8~6.11). 이것은 HCS와는 다르게 거푸집을 사용하고 부재에 철근을 추가로 사용할 수 있어서 큰 하중 또는 장경간에 대응할 수 있고, HCS에 비해 강성이 큰 장점이 있다.

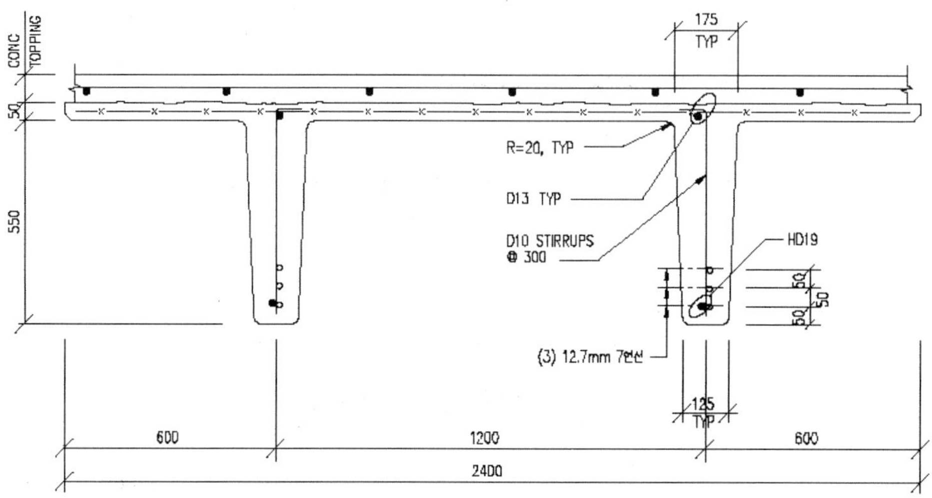

그림 6.6 DTS(Double Tee Slab) 단면 형상

DTS 계열의 부재는 mold에 따라 다양한 길이와 폭으로 생산이 가능하지만, 운송할 때 제한사항으로 작용하는 국내의 도로여건상 부재폭은 2.4m, 길이는 16m 이하로 생산하는 것이 일반적이다.

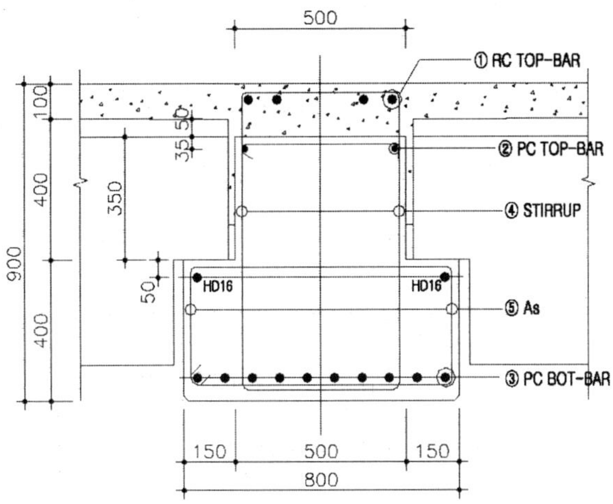

그림 6.7 **DTS-보 접합부**

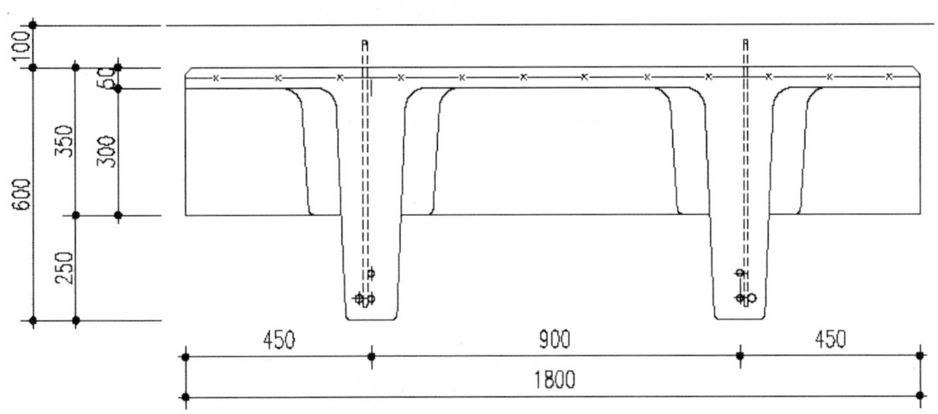

그림 6.8 **MRS 단면 형상**

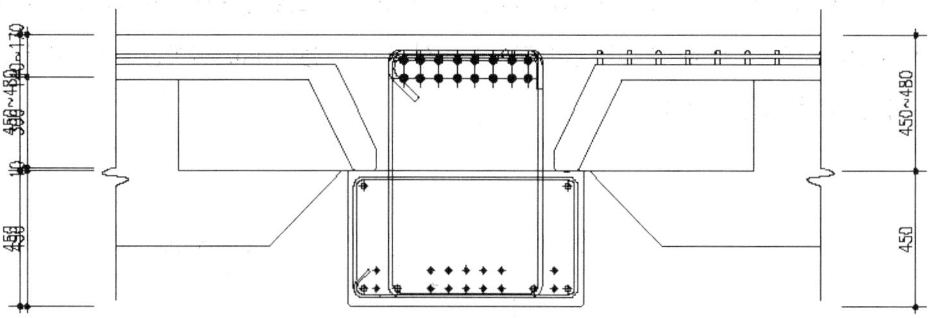

그림 6.9 MRS-보 접합부

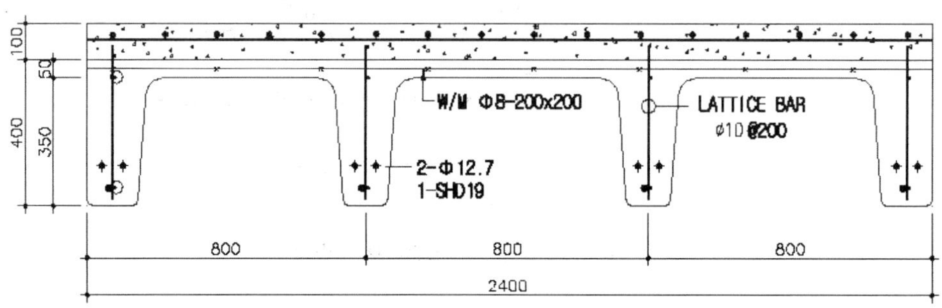

그림 6.10 MTS 단면 형상

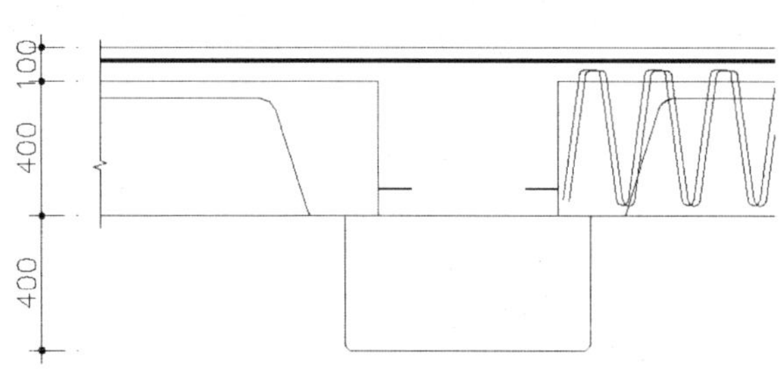

그림 6.11 MTS-보 접합부

6.2.3 역리브(Rib)형 슬래브(Multi Inverted Rib Slab 또는 MIR)

플랜지가 하부에 위치하는 역리브형 슬래브(MIR)도 국내에서 활용하고 있다(그림 6.12와 6.13). 더블티 슬래브 계열의 형상이 단순보일 때 압축을 받는 상부 플랜지가 넓어 구조적 효율이 높지만 이러한 형태를 구현하기 위한 거푸집이 복잡한 데 반하여, 역리브형 슬래브는 하부 플랜지를 먼저 타설하고 리브 부분을 쌓아 올리는 형태로 제품을 생산하기 때문에 시공이 용이하다. 단, 단면의 효율은 낮기 때문에 상부 콘크리트의 타설이 필수적이고 MIR은 보통 동바리와 함께 사용된다. 중량을 줄이기 위해서 EPS(expanded polystyrene) 블록을 리브 사이에 끼워 넣는 등의 방법이 도입되기도 한다.

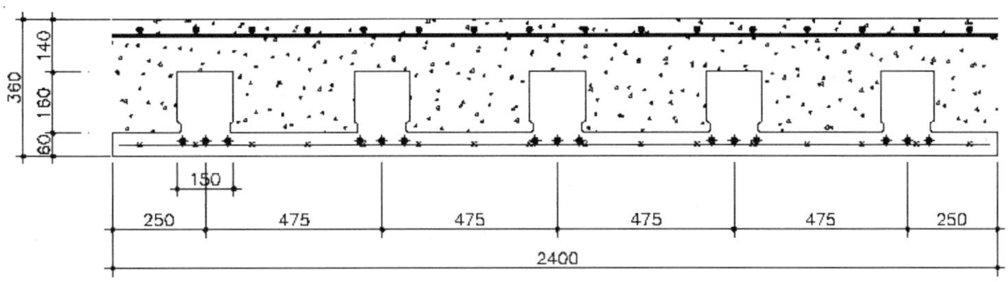

그림 6.12 MIR 슬래브 단면 형상

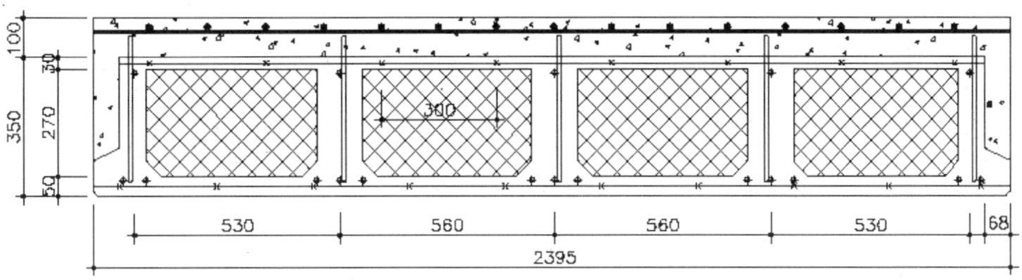

그림 6.13 Rib Plus Slab 단면 형상

6.3 적용 사례

6.3.1 공동주택 지하주차장

프리캐스트(PC) 공법을 적용하여 대규모 공동주택의 건설이 적극적으로 추진되던 90년대 초 지하주차장에 PC 공법이 본격적으로 도입되었고, 이후 현재까지 지하주차장 PC 공법에는 많은 변화가 있었다. 90년대 초에는 프리스트레스를 적용하지 않은 하프 슬래브 공법이 대부분이었으나 2000년대 중반부터는 프리스트레스를 적용한 다양한 형태의 슬래브와 보가 지하주차장에 사용되기 시작하였다. 우리나라 공동주택의 지하주차장은 그 상부를 조경공간으로 활용하기 때문에 조경용 관목이 생육되는 데 필요한 흙이 포설되고, 이삿짐 차량 또는 소방차와 같은 대형트럭이 운행하는 관계로 매우 큰 설계하중이 적용된다. 이에 반하여 중간층에는 승용차나 소형트럭의 통행이 주를 이루어 지하주차장의 지붕층과 중간층의 설계하중이 다르기 때문에 지붕층과 중간층의 부재가 대개 달라진다.

여기서 소개하는 지하주차장 프리스트레스트 PC 공법 적용 사례에서는 지붕층에 MRS, 지하층에는 HCS를 적용하였다(그림 6.14~6.17).

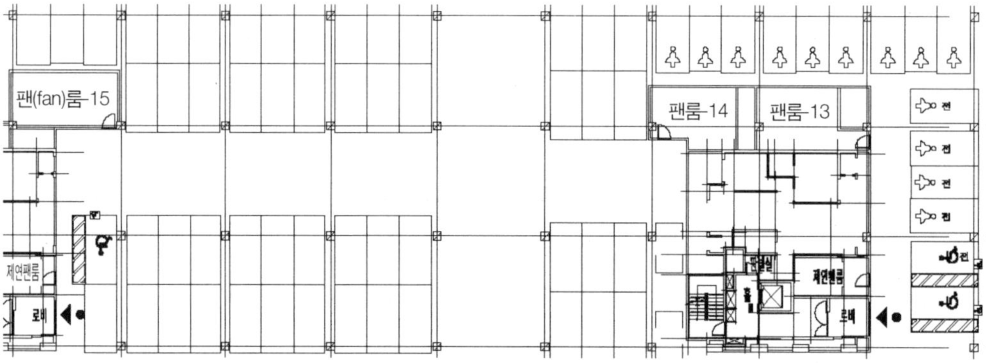

그림 6.14 **일반적인 지하주차장 배치도(7.5~8×8m)**

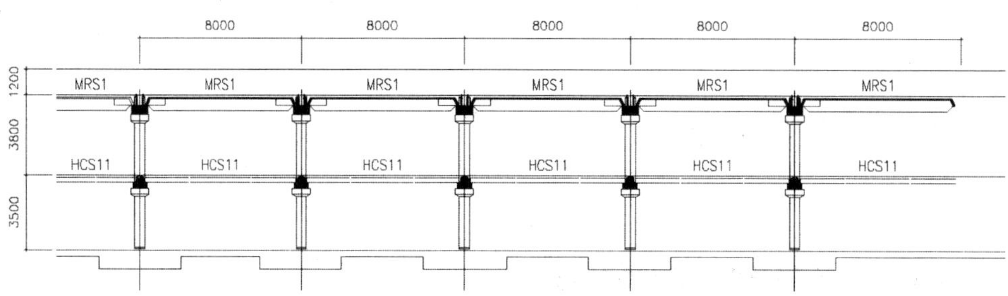

그림 6.15 **지하주차장 단면**

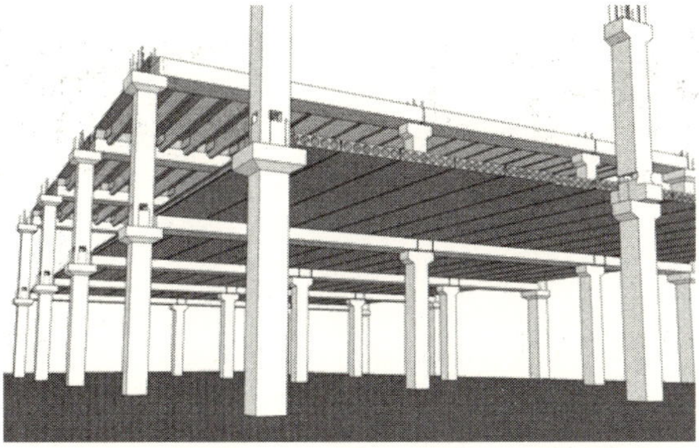

그림 6.16 **MRS+HCS를 적용한 지하주차장**

그림 6.17 **PC 슬래브의 양중**

MRS와 HCS는 12.7mm와 9.5mm 지름의 강연선을 이용하여 프리텐션 방식으로 생산되며, 프리스트레스에 의하여 지붕층 MRS 및 지하층 HCS의 캠버가 발생하는데, 토핑 콘크리트의 두께 유지 및 인접한 벽체 등과의 수평 맞추기에 어려움을 겪는 경우가 있으므로 사전에 대비해야 한다. 그림 6.18은 프리스트레스트 PC 공법을 적용한 지하주차장의 시공순서를 보여준다. 기둥모듈이 8×8m인 경우이므로 한쪽 방향으로만 보를 배치한 구조 시스템과 PSC가 도입된 1방향 PC 슬래브를 사용하였다(그림 6.18~6.20).

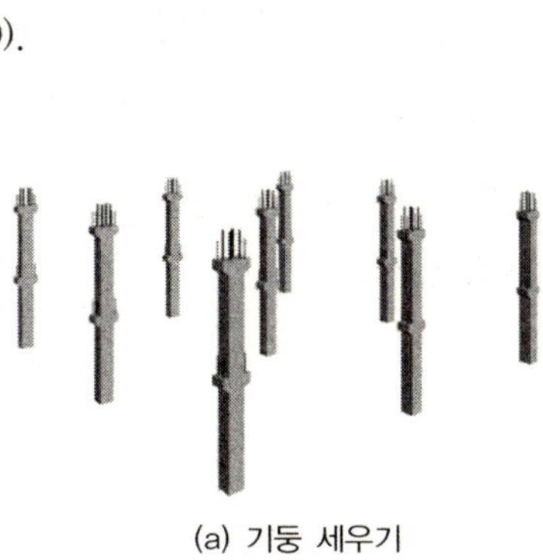

(a) 기둥 세우기

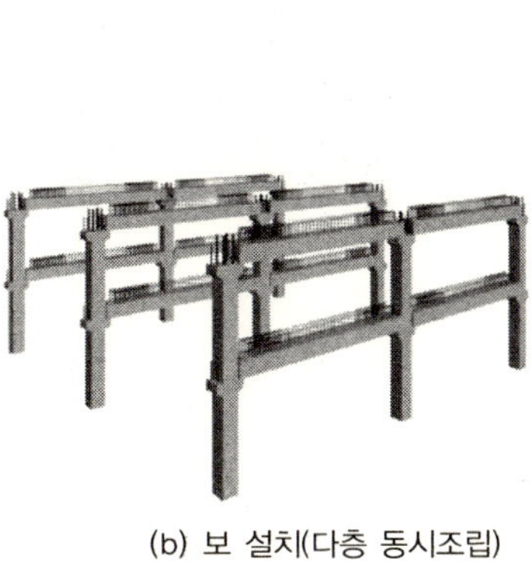

(b) 보 설치(다층 동시조립)

(c) 바닥판 설치

(d) 철근 배근

(e) 토핑 콘크리트 타설

그림 6.18 **MRS+HCS 공법 시공순서**

그림 6.19 **1방향 보가 설치된 상태**

그림 6.20 **지붕층 MRS 설치 후 철근배근**

PC 공법은 RC 공법에 비하여 공기가 단축되기 때문에 PC 주차장 부분은 조립을 하지 않고 고층의 주거동 시공을 위해 공사용 통로로 사용하다가, 공사용 통로를 대체할 수 있는 동선이 확보되면 별도의 통로를 통하여 콘크리트 믹서 트럭 등의 동선을 확보한 후 공사용 통로 부위를 PC로 빠르게 조립하여 마무리하는 방식으로 시공을 진행한다.

프리스트레스가 도입된 PC 바닥판은 동바리 없이 무지주로 시공이 가능하기 때문에 부재 조립 및 토핑 콘크리트 타설 이후에는 양생기간과 무관하게 하부공간의 이용이 가능하다. 이때 후속 공정을 곧바로 착수할 수도 있지만, 작업공간이 부족한 도심에서는 자재정리 공간으로 활용하거나 작업자의 조회장 등으로도 활용할 수 있다.

지하구조물의 바닥판은 일반적으로 토압을 저항해야 하므로, 지하가 깊은 경우 토압에 대한 별도의 검토가 반드시 필요하다.

6.3.2 프리스트레스트 공법을 적용한 물류센터

물류센터는 11×11m 또는 11×9m 모듈로 설계하는 경우가 많고, 보관하는 상품의 종류에 따라 설계하중은 15~25kN/m^2, 층고는 8m 내외가 일반적이다. 또 배치도가 복잡하지 않을 때 투자비 회수를 위한 조속한 건설 및 운영을 위한 공기단축이 가능하기 때문에 PC 공법이 최적의 대안이 된다. 국내 물류센터에서도 프리스트레스트 PC 공법을 적용하는 사례가 증가하고 있다.

앞서 소개한 공동주택 지하주차장과 마찬가지로 물류센터의 경간, 층고, 평면, 배열 등에 따라 적합한 공법이 달라지기 때문에 현장 특성에 따라 다양한 공법을 물류센터에 적용할 수 있으며, 그중 한 가지 사례를 소개하고자 한다.

그림 6.21~6.25의 물류센터는 11×11m 모듈로서 평면상 2개의 코어를 가지면서 적재높이 8m를 확보하고 있는 물류센터의 일부에 사무실이 있는 전형적인 형태이다. 전체를 PC로 만들기보다는 코어 등 필요한 부분에는 현장타설 콘크리트를 적용하여 PC의 효율을 높이고 동시에 횡력지지 시스템을 확보하였다.

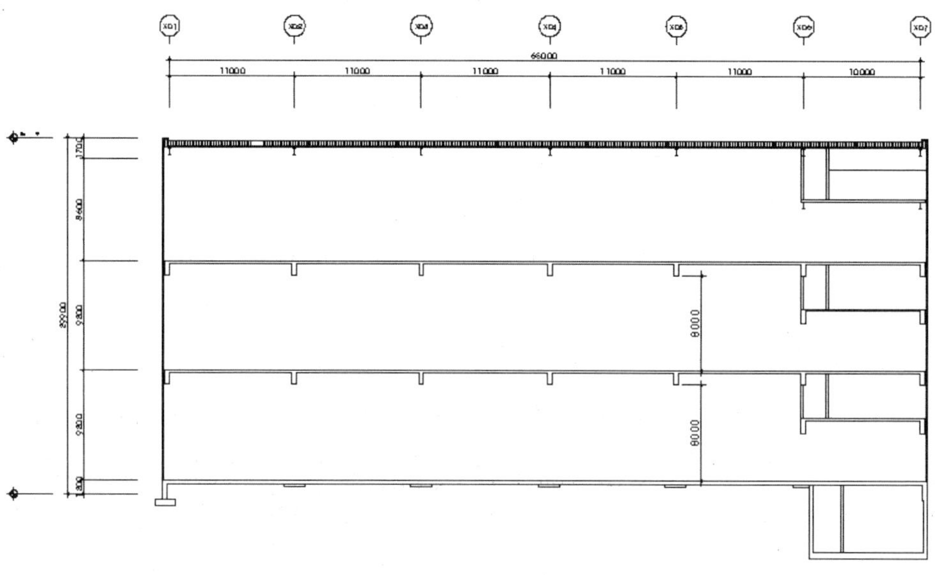

그림 6.21 **물류센터 입면의 단면**

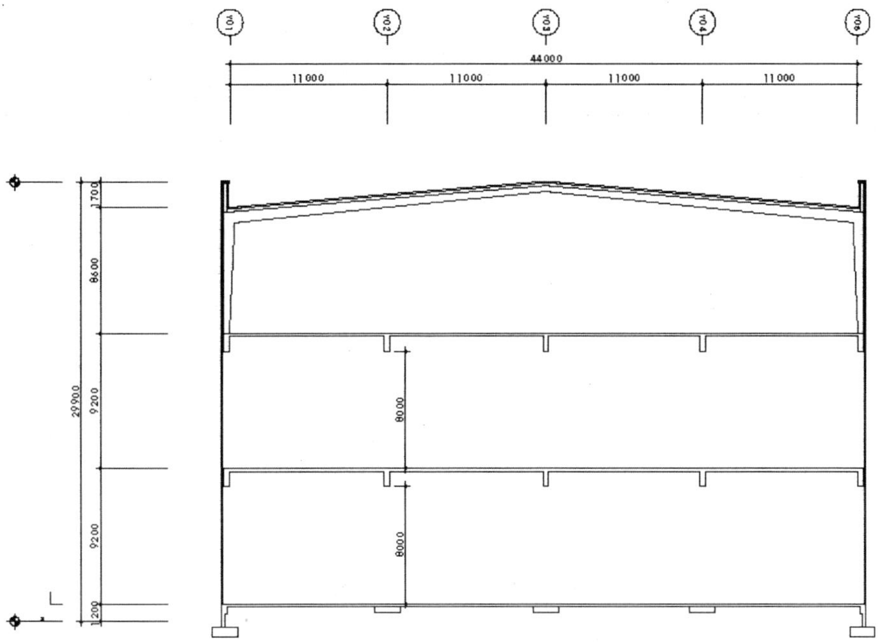

그림 6.22 물류센터 측면의 단면

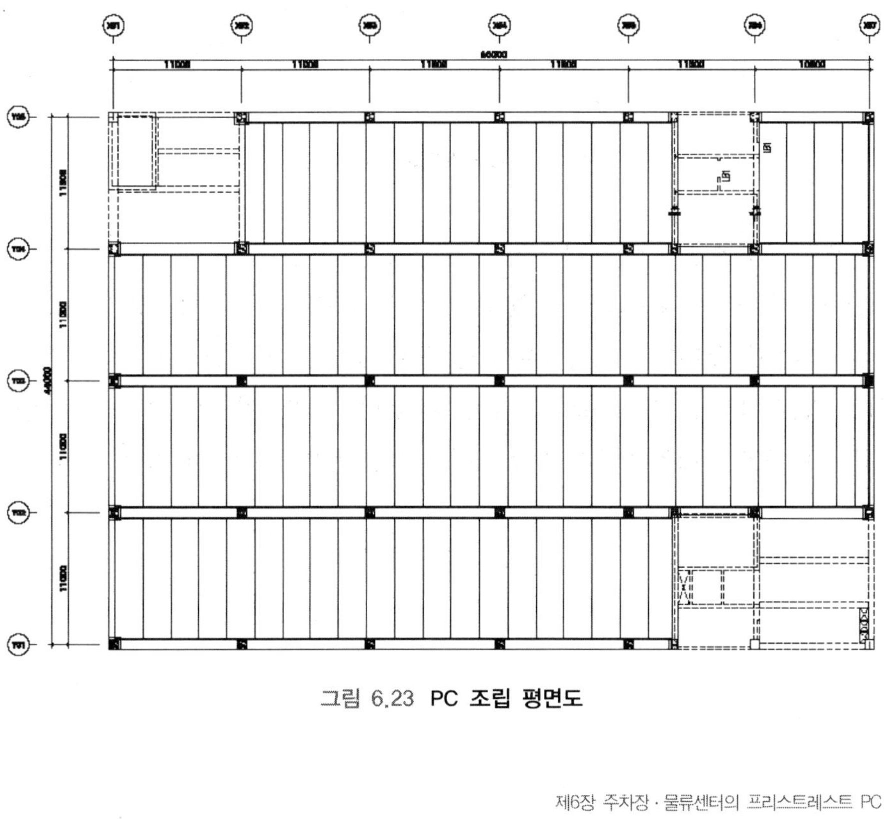

그림 6.23 PC 조립 평면도

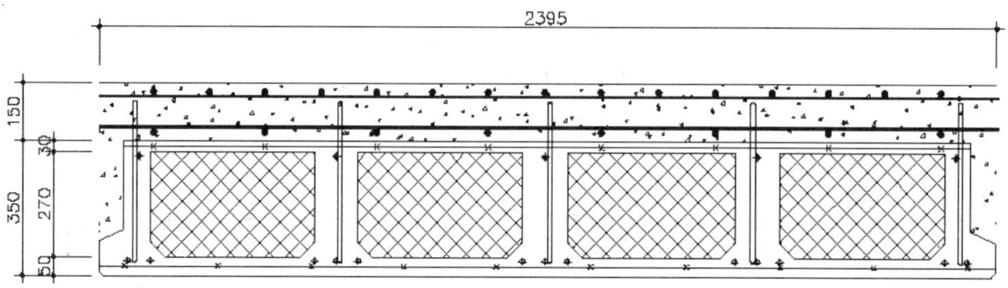

그림 6.24 Rib Plus Slab

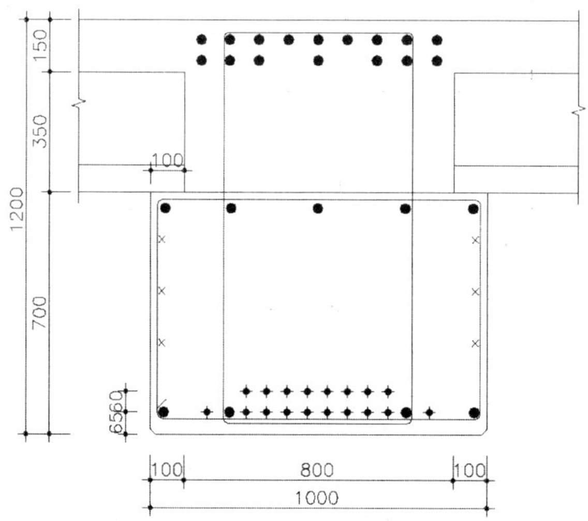

그림 6.25 **프리스트레스트 PC 보**

PC 부재의 조립에는 고정식 타워크레인을 사용하는 경우가 많지만, 최근에는 이동식 크레인을 사용하는 경우도 늘고 있다. 이동식 크레인을 사용하는 경우에는 작업반경이 좁기 때문에 부재를 조립하면서 건물 일부분의 완성과 함께 이동을 해야 한다. 따라서 조립을 진행하다가 필요한 부재가 제시간에 도착하지 않으면 조립이 중단될 수도 있기 때문에 부재의 수송이나 조립에 필요한 준비를 철저히 하는 것이 중요하다.

제 7 장

건식 프리캐스트 모멘트 골조

7.1 개요

프리캐스트 콘크리트(PC) 시스템은 몇 개의 동일한 요소가 반복될 때(예 : 물류센터, 상업용 빌딩, 플랜트 구조물, 파이프 랙[pipe rack] 등) 빠른 시공을 위하여 선호되는 시스템이다. 도심 등 밀집지역이 많은 우리나라에서 공기지연 등에 문제가 있는 철근콘크리트 시스템을 대체한 PC 시스템은 그 사용이 점차 확대되고 있다. 모멘트 골조의 경우 부분습식을 적용하는 PC 모멘트 골조가 사용되고 있으나, 슬래브 토핑이 없는 구조의 경우(플랜트 구조물 등) 이러한 부분습식공법이 공기단축을 저해하기 때문에 완전 건식 PC 모멘트 골조의 사용이 요구된다. 철골 모멘트 골조의 경우 원재료 비용이 큰 부담으로 작용할 뿐만 아니라, 특히 플랜트 공사에서 각각의 강재에 상이한 천공작업 및 보조철물 용접 가공이 필요하고 전체적으로 내화를 위한 모르타르 피복 공정이 요구되기 때문에 추가 공기지연이 크다. 그러나 이러한 단점은 건식 PC 모멘트 골조 공법에는 해당되지 않는다.

기존에는 강한 내진성능이 요구되는 PC 모멘트 골조 접합부에 철근콘크리트 모사공법이 반드시 적용되었는데, 이러한 부분습식공법은 물류센터, 플랜트 구조물 등 공사 수월성 및 공기 측면이 강조되는 프로젝트에서는 대안이 되기 어렵다. 반면에 순

수건식공법은 특수 모멘트 골조 접합부의 내진성능 확보를 반드시 검증해야 한다. 이에 최근 20년간 건식 접합부의 내진성능 확보를 위한 연구가 수행되었고, 이때 개발된 접합부 상세는 실무에 본격적으로 적용되기 시작하였다.

건식공법에서는 보-기둥의 일체성을 확보하기 위해 강연선이나 강봉, 고장력볼트 등의 프리스트레스 공법을 활용하는 것이 특징이다. 그리고 시공여건상 프리텐션보다는 포스트텐션 공법이 선호되며, 특히 비부착 방식 포스트텐션을 많이 사용한다. 비부착 방식의 장점은 강연선의 탄성거동을 통한 변위복원력을 발휘할 수 있다는 것과 국부응력에 의한 강연선의 취성파단을 제어할 수 있다는 것이다. 또한 반복비선형 거동 중에도 골조의 일체성을 지속적으로 확보할 수 있어 내진성능이 우수하다. 특수모멘트 골조로서 갖추어야 할 에너지 소산능력은 보의 상하부에서 연성적인 요소를 사용하여 확보할 수 있다.

이 장에서는 건식 PC 모멘트 골조의 여러 시스템을 소개하고 시공 사례 및 설계할 때의 고려사항을 기술하였다.

7.2 각 시스템별 공법의 특징

1990년대에는 순수 건식 PC 모멘트 골조의 내진성능 확보를 위해 포스트텐션의 도입을 고려하기 시작하였다. 미서부 지역에서 PCI(Precast/Prestressed Concrete Institute) 등의 지원으로 PRESSS(PREcast Seismic Structural Systems)라는 연구 프로그램이 대대적으로 수행되었는데(Priestly 외, 1999), 이때 연구된 접합부 상세는 다음의 네 가지이다. "하이브리드 접합부", "TCY(Tension-Compression Yielding) 접합부", "TCY-gap 접합부", "프리텐션 연속보 접합부", 하이브리드 접합부는 1970년대에 초기 모델(Blakeley 외, 1970)을 시작으로 1990년대 초반에 미국 NIST(National Institute of Standards and Technology)에서 개선되었고(Cheok and Lew, 1993), 이후 PRESSS 연구 프로그램에서 최종적으로 개량되었다(Nakaki 외, 1999). 한편 그와 별도로 Englekirk(2003)와 D社는 함께 "포스트텐션 볼트 접합부"를 개발하였다. 이 접합부 상세에 대해서는 최근까지도 많은 실험적 연구가 수행되었는데(예 : UC San Diego, 서울대), 미국 캘리포니아에서 다수의 실무에 적용되었다. 또한 2010년대 들어 국내 플랜트 구조 설계 및 시공업체인 E社에 의해 다수의 pipe rack 플랜트 시공에 적용되고 있다. 실무에서 많이 쓰이지는 않지만 이형강봉으로 강하게 체결하는 방식을 취하는 "포스트텐션 이형강봉 접합부"와 같은 단순한 형태의 건식 접합부도 있다(Ertas, 2005).

7.2.1 하이브리드 접합부 시스템

하이브리드 접합부는 접합부의 상하부와 중심부 세 지점에 접합부를 관통하는 덕트를 설치하고 상하부 덕트 안에는 철근을, 중심부 덕트 안에는 강연선을 배치하는 것이 특징이다(그림 7.1과 7.2). 그리고 상하부 덕트는 철근을 삽입한 후 그라우트로 부착시킨다. 단, 기둥과 보의 접합면 가까운 지점에 응력집중을 완화하기 위하여 일반철근의 일부분을 비부착 구간으로 둔다. 중심부 덕트는 PS 강연선을 삽입 및 긴장 후 비부착 상태로 계속 유지한다. 이때 PS 강연선은 탄성거동을 통한

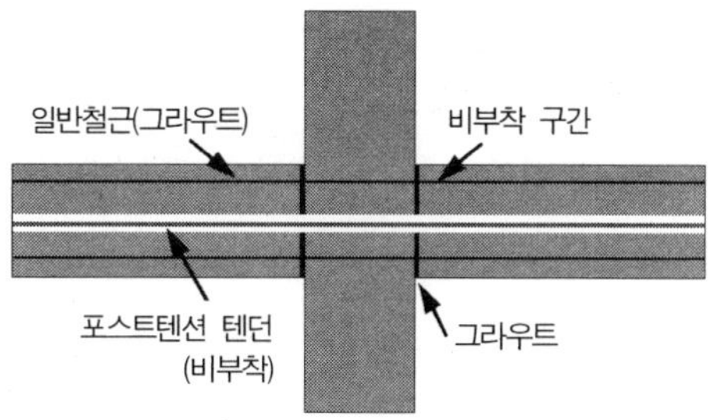

그림 7.1 **하이브리드 접합부 개념**

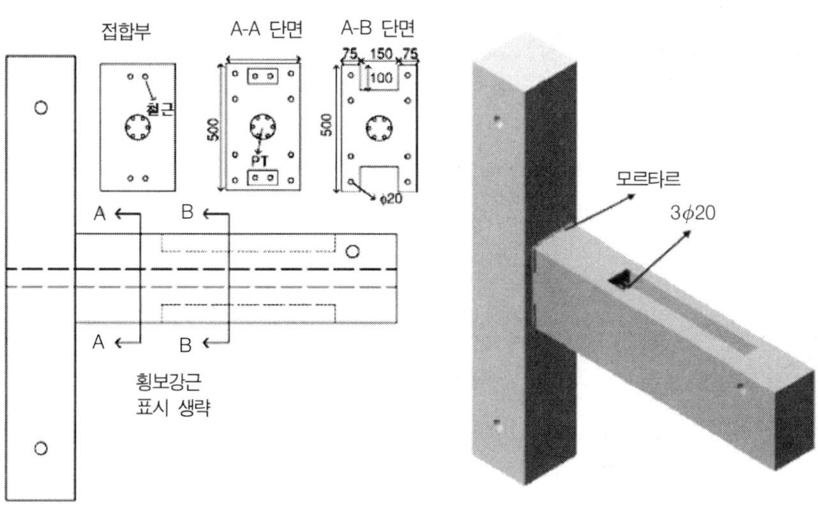

그림 7.2 **하이브리드 접합부 상세 예시**

변위복원력을 발휘할 수 있으며 부착된 상하부 철근은 항복 메커니즘을 통해 연성적으로 거동하고 충분한 에너지를 소산하게끔 도움을 준다. 그림 7.3과 7.4는 하이브리드 접합부 시스템의 시공 사례이다.

(a) 하이브리드 접합부 시스템 시공 중

(b) 하이브리드 접합부 타설 전

그림 7.3 **하이브리드 접합부 시공 사례-파라마운트 빌딩, 캘리포니아주 샌프란시스코**

(a) 그라우팅 작업 후 보-기둥 접합부

(b) 강연선 긴장 후 그라우팅을 통한 정착구 매립

(c) 보-기둥 접합면 그라우팅의 수밀성 검토

그림 7.4 **하이브리드 접합부 시공 사례-UC 데이비스 메디컬센터 주차장 구조물, 캘리포니아주 세크라멘토**

7.2.2 프리캐스트 볼트 접합부 시스템

프리캐스트 볼트 접합부 시스템은 보와 기둥을 공장에서 각각 제작하여 현장에서 고장력볼트를 사용하여 조립하는 방식이다(그림 7.5). 보가 받는 하중은 보에 배근된 고강도 강봉에서 보-기둥 접합면에 위치한 전달 강재블록을 통해 고장력볼트로 전달되어, 최종적으로 기둥에 묻힌 앵커로드로 흐른다. 이 시스템에서 가장 핵심적인 요소는 앵커로드로서 보와 기둥을 건식접합하면서도 앵커로드에서 항복이 일어나도록 설계해야 한다. 이와 같은 메커니즘을 형성하기 위해서 다른 요소의 인장항복강도 또는 지압강도는 앵커로드의 인장항복강도보다 크게 설계해야 한다.

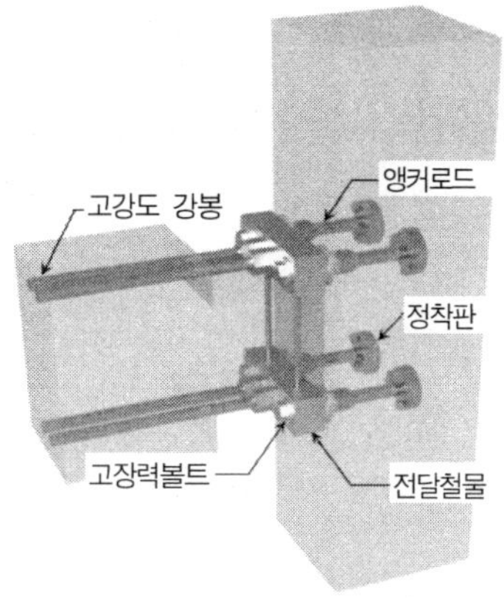

그림 7.5 **프리캐스트 볼트 접합부 개념도**

앵커로드는 기둥 내부에 위치하기 때문에 보 끝부분에서 소성힌지가 발생하는 일반적인 철근콘크리트 보-기둥 접합부와 달리 기둥 내부에 소성힌지가 형성된다는 특징이 있다. 그리고 기둥 내부에 소성힌지가 형성되면 기둥 내에서 발생하는 큰 압축력으로 인해 콘크리트의 파괴를 최소화할 수 있다는 장점이 있다(그림 7.6과 7.7). 그림 7.8~7.11은 프리캐스트 볼트 접합을 적용한 인도네시아 시공 사례이다. 이 프로젝트는

그림 7.6 **프리캐스트 볼트 접합부 실험체**

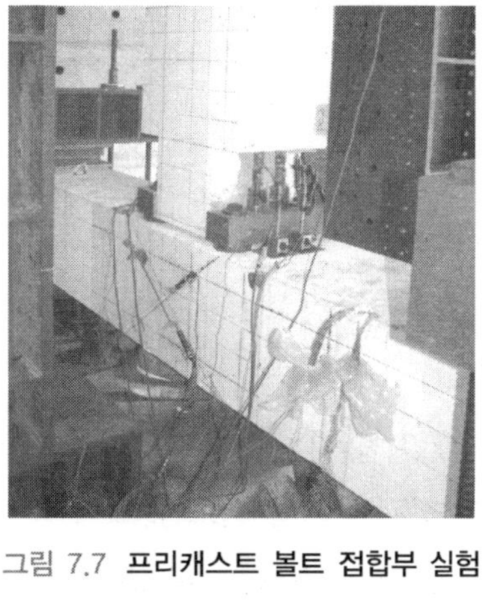

그림 7.7 **프리캐스트 볼트 접합부 실험**

그림 7.8 **프리캐스트 볼트 접합부 시공 사례(기둥) –Resid Fluid Catalytic Cracking(RFCC) 파이프 랙 플랜트 골조, Cilacap, 인도네시아(국내사 설계 및 시공)**

그림 7.9 **프리캐스트 볼트 접합부 시공 사례(보)–Resid Fluid Catalytic Cracking (RFCC) 파이프 랙 플랜트 골조, Cilacap, 인도네시아(국내사 설계 및 시공)**

그림 7.10 **프리캐스트 볼트 접합부 시공 사례(전동식 토크렌치)–Resid Fluid Catalytic Cracking(RFCC) 파이프 랙 플랜트 골조, 인도네시아 Cilacap(국내사 설계 및 시공)**

그림 7.11 **프리캐스트 볼트 접합부 시공 사례(보–기둥 접합)–Resid Fluid Catalytic Cracking(RFCC) 파이프 랙 플랜트 골조, 인도네시아 Cilacap(국내사 설계 및 시공)**

서울대 연구팀과 국내 E社가 최근 국내 기술로 공동 설계하고(이동주 외, 2014) 국내 E社와 G社와의 합작으로 시공된 사례로서, 프리캐스트 볼트 접합부가 적용된 세계 최초의 플랜트 구조물이다.

기존의 안이었던 철골 모멘트 골조 공법과 비교하여 4개월 이상 공기를 단축할 수 있었으며, 공기 문제로 순수 건식 프리캐스트 모멘트 골조가 요구되는 플랜트 해외시장에서 향후 검토될 수 있는 공법이다. 실제로 최근 태국에서 동일 시스템을 적용하

그림 7.12 **프리캐스트 볼트 접합부 시공 사례(보)-PTT Phenol 파이프 랙 플랜트 골조, 타이 라용(Rayong, Thailand)(국내사 설계 및 시공)**

그림 7.13 **프리캐스트 볼트 접합부 시공 사례(골조)-PTT Phenol 파이프 랙 플랜트 골조, 타이 라용(Rayong, Thailand)(국내사 설계 및 시공)**

여 국내 E社와 P社에 의해 파이프 랙 플랜트 구조물이 시공되고 있다(그림 7.12, 7.13).

7.2.3 하이브리드-프리캐스트 볼트 접합부 시스템

기존의 하이브리드 접합과 프리캐스트 볼트 접합을 융합시킨 공법으로, 하이브리드 접합부 시스템에서 PS 강연선을 추가적으로 사용하여 모멘트 강도를 증가시킬 뿐 아니라 보와 기둥의 결합력을 향상시키는 장점이 있다. 하이브리드-프리캐스트 볼트 접합부 시스템에서 앵커로드는 접합부에 사용된 부속재료 중 유일하게 항복하는 철물이기 때문에 항복 이후 구조물의 거동과 밀접한 관련이 있으며, 지진하중에 대한 구조물의 연성적인 거동에 직접 관여하기 때문에 제작에 있어서 품질을 관리하는 것이 매우 중요하다(그림 7.14~7.16).

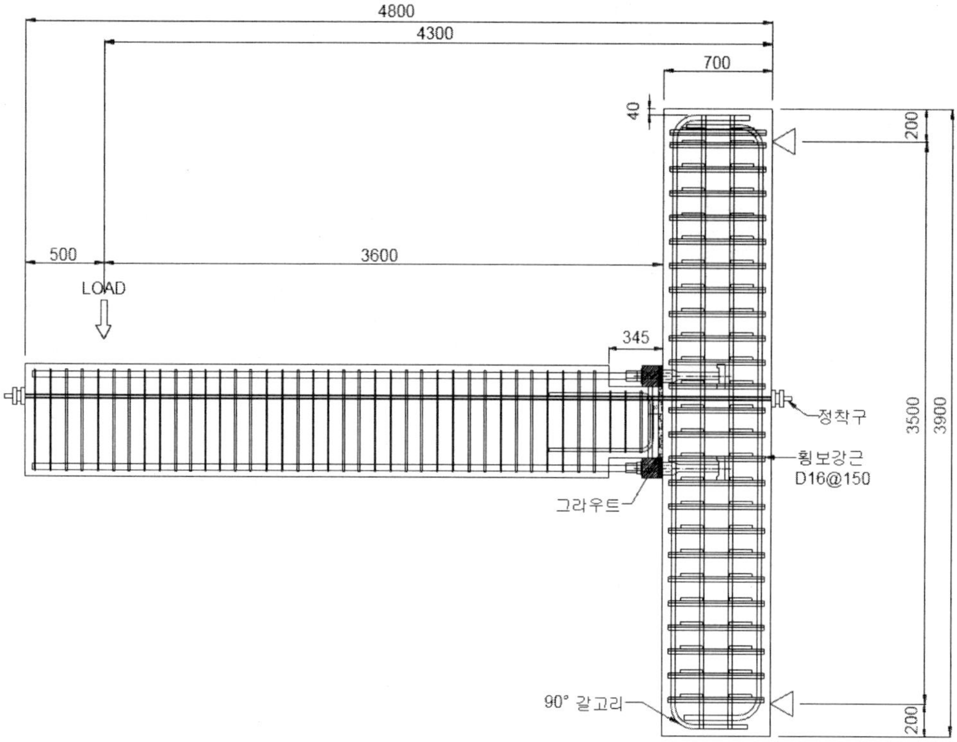

그림 7.14 **하이브리드-프리캐스트 볼트 접합부 실험체 도면**

그림 7.15 **긴장력 도입 전 갭을 충진하기 위한 그라우팅**

그림 7.16 **하이브리드-프리캐스트 볼트 접합부 실험체**

7.2.4 프리캐스트 이형강봉 접합부 시스템

프리캐스트 이형강봉 접합부 시스템은 보 끝단에서 보 상하부로 콘크리트 블록이 돌출되는 것이 특징이다(그림 7.17). 이 시스템에서 길이 방향의 강도는 토크렌치로 조여진 한쪽 방향의 모멘트 골조에 의해 확보할 수 있으며, 모멘트 골조 사이에는 단순 접합된 단순보가 설치된다. 프리캐스트 이형강봉 접합부 시스템은 각각의 포탈 프레임 여러 개가 횡하중 시스템으로 동시에 작용하기 때문에 모멘트 골조의 배열을 통해 다양한 형상의 건물을 설계할 수 있다. 다른 시스템에서는 보의 내부에 홈을 파서 보의 일반철근과 유사한 위치에서 기둥과 연결하는 것과 달리, 이형강봉 접합부에서는 보의 단부에 콘크리트 블록이 돌출하여 이형강봉으로 기둥과 체결하기 때문에 보의 휨모멘트 강도 증진에 유리하다. 하지만 보의 상하부로 돌출된 콘크리트 블록은 건축구조에서 불리한 조건으로 작용할 수 있으며, 플랜트 구조에 보다 수월하게 사용될 수 있을 것이다.

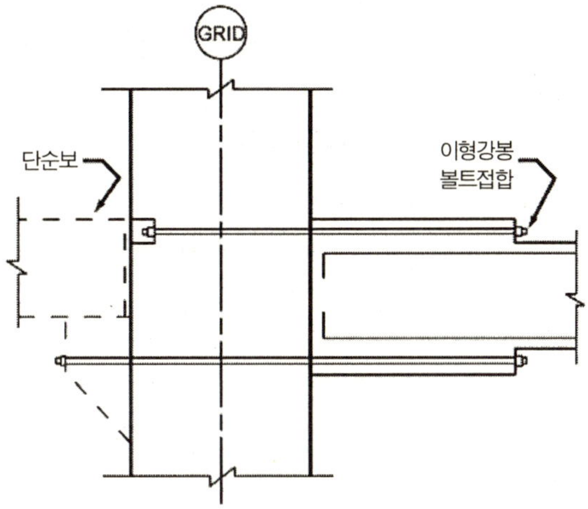

그림 7.17 **프리캐스트 이형강봉 접합부**

7.2.5 프리텐션 연속보 시스템

프리텐션 연속보 시스템은 연속보를 가지는 저층구조물에 가장 경제적인 방법이다. 연속보-기둥의 연결부를 일체식으로 제작하고 강연선을 배치하여 연결하며 강연선 긴장으로 부재 간의 결합력을 증대시키고 변위복원력으로 내진성능을 확보할 수 있다. 이 시스템은 프리캐스트 콘크리트의 슬립 발생을 억제하기 위해 접합부 근처의 강연선을 비부착 상태로 두며, 연속보의 끝부분에는 부착 상태로 하는 부분 비부착을 사용한다. 하부기둥의 주철근이 상부기둥의 그라우트 슬리브를 통해 연결되어 모멘트 접합이 된다(그림 7.18, 7.19). 또한 비부착 강연선으로 상하부 기둥 및 연속보를 수직적으로 연결함으로써 접합부를 일체화시킨다. 이때 하부기둥 상부와 조인트의 접합면과 상부기둥의 하부와 조인트의 접합면은 긴장하기 전에 각각 그라우트로 충진한다. 연속보에 기둥 주근의 관통을 위한 슬리브를 매립할 때에는 상부로의 연속적인 기둥 설치를 위해 정확한 위치에 매립한다.

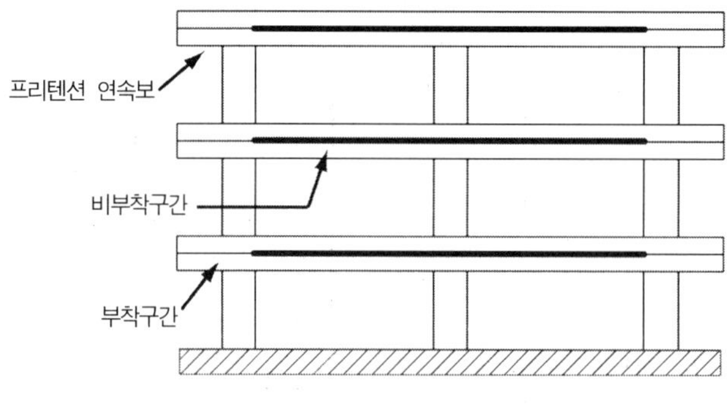

그림 7.18 **프리텐션 연속보 시스템**

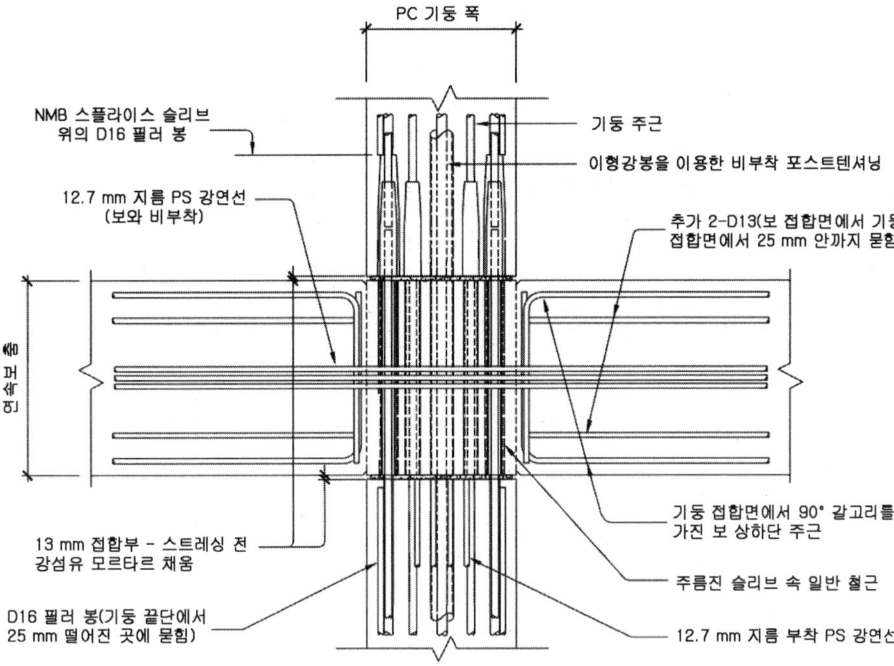

그림 7.19 **프리텐션 연속보 접합부 상세**

7.2.6 TCY-gap 접합부 시스템 및 TCY 접합부 시스템

TCY-gap 접합부에서는 보의 상부에 그라우트 슬리브를 통해 배근된 철근과 보의 하부에 배근된 비부착 강연선이 보 단부의 모멘트 강도를 발현한다. 지진하중에 의한 보의 인장을 고려하여 보와 기둥 사이에는 작은 틈새가 있다. 보와 기둥의 결합을 위해 이 틈새의 하단부에 있는 PS 강연선을 중심으로 150mm 이상 충진한다. 기둥에는 수직적으로 비부착 강연선을 추가하여 모멘트 골조의 횡변위를 제어하고 변위복원력을 발휘할 수 있다. 이때 상부 보와 기둥 사이의 틈새에 폴리에틸렌 폼을 넣어서 에너지를 흡수하고, 슬리브 내 주철근의 일부분을 비부착함으로써 접합면에 응력이 집중되는 현상을 방지한다(그림 7.20).

TCY 공법은 조인트를 관통하는 철근을 그라우트 슬리브를 통해 양쪽 보의 상하부 주근으로서 연결하여 일체화하는 공법이다. 소성힌지 구간에서 항복을 분산시키기보다 항복이 접합면에서 발생하도록 유도한다(그림 7.21). 보와 기둥의 접합면의 갭을

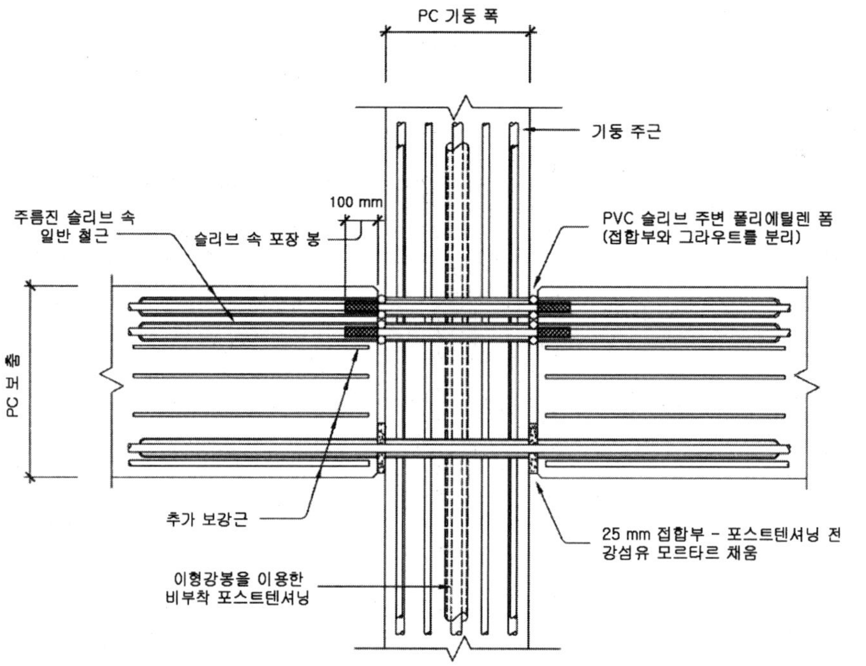

그림 7.20 **TCY-gap 접합부 상세**

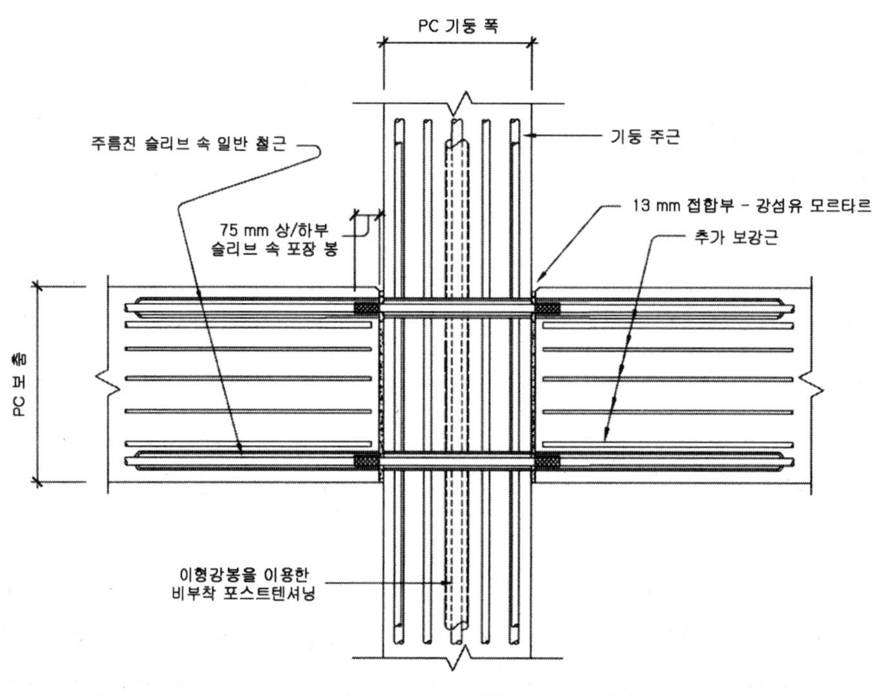

그림 7.21 **TCY 접합부 상세**

그라우팅을 하여 응력의 전달을 수월하게 하며, 기둥에는 수직적으로 비부착 강연선을 사용하여 횡변위를 제어하고 변위복원력을 부여한다.

7.2.7 기타 특수한 접합부

기타 특수한 접합부로는 보 상부 부모멘트의 저항 및 부재 간의 결합을 위해서 PS 강연선으로 포스트텐션을 도입한 접합부가 있다(그림 7.22). 보 하부에는 특수한 정착장치가 요구되며 상부의 PS 강연선은 길이가 짧기 때문에 쐐기슬립에 의한 응력손실이 과다할 것으로 예상된다. 이러한 시스템에 대한 실험자료나 시공 사례 역시 보고된 경우가 없으나 쐐기슬립을 제어하고 보 하부근과 기둥의 연결에 대한 상세가 개발된다면 상용화가 가능할 것으로 판단된다.

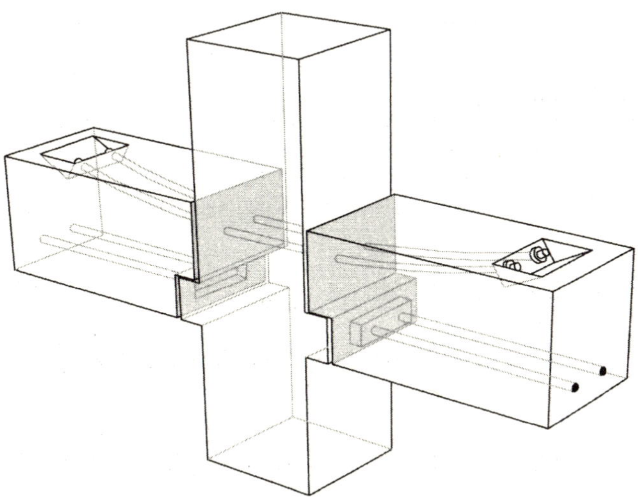

그림 7.22 **특수한 모멘트 접합부**

7.3 구조설계 개념

이 절에서는 앞서 소개한 프리캐스트 볼트 접합부의 구조설계 개념 및 간략한 과정을 간략히 소개하고자 한다. 앞서 서술한 바와 같이 앵커로드에 항복이 집중되도록 설계하는 것이 중요하다. 따라서 앵커로드에 체결되는 볼트나 보와 전달철물을 연결하는 고강도 강봉의 인장강도, 그리고 앵커로드의 반대쪽에 위치한 정착판의 지압강도는 앵커로드의 인장강도를 상회해야 한다. 그림 7.23은 이와 같은 구조설계 개념을 정리한 것이다. 단, 이 장에서는 횡하중에 대한 구조설계는 포함되어 있지 않다.

구분				
앵커로드	:	앵커로드의 총 설계인장강도	⇨	계수하중에 의한 인장력
고장력볼트	:	고장력볼트의 설계인장강도	⇨	앵커로드의 실제 인장강도
고강도 강봉	:	고강도 강봉의 총 공칭인장강도	⇨	앵커로드의 실제 총 인장강도
인발파괴 저항 지압강도	:	앵커로드 정착판의 공칭지압강도	⇨	앵커로드의 실제 인장강도
보 휨모멘트	:	설계모멘트강도	⇨	계수하중에 의한 휨모멘트
보-기둥 접합 계면 전단	:	볼트 프리텐션(또는 계수모멘트)에 의한 계면 마찰력	⇨	사용고정하중(또는 계수하중)에 의한 전단력

그림 7.23 **프리캐스트 볼트 접합부 구조설계 개요**

(1) 계수하중에 의한 휨모멘트가 작용할 때 보와 기둥의 접합면에서 작용하는 상·하부 앵커로드의 설계인장력은 식 (7.1)과 같이 계산한다.

$$\text{계수하중에 의한 인장력} = \frac{M_u^-}{d-d'} \quad \text{또는} \quad \frac{M_u^+}{d-d'} \tag{7.1}$$

여기서, M_u : 계수하중에 의한 보 단부의 휨모멘트

d : 인장을 받는 앵커로드의 유효깊이

d' : 압축을 받는 앵커로드의 유효깊이

(2) 접합부 안에 묻히는 앵커로드는 설계모멘트가 작용할 때 항복하지 않아야 하나, 앵커로드와 체결하는 고장력볼트의 항복 및 나사산의 파괴, 그리고 보에 묻히는 고강도 강봉의 항복 이전에 항복해야 한다. 따라서 아래와 같이 앵커로드의 총 설계인장강도가 식 (7.1)에 의해 계산된 상부 앵커로드 설계인장력을 충분히 받아줄 수 있도록 식 (7.2)와 같이 설계해야 한다.

고강도 강봉의 총 공칭인장강도$=\phi n_{rod} A_{rod} f_{yrod} \geq$계수하중에 의한 인장력 (7.2)

여기서, ϕ : 강도감소계수

n_{rod} : 인장을 받는 앵커로드의 개수

A_{rod} : 앵커로드의 단면적

f_{yrod} : 앵커로드의 공칭항복강도

(3) 식 (7.3)과 같이 앵커로드에 체결되는 날개의 고장력볼트 설계인장강도가 앵커로드의 실제 인장강도보다 커야 한다. 여기서, ϕ는 0.75를 사용한다.

고장력볼트의 설계인장강도$= \phi A_{bolt} f_{ybolt} \geq A_{rod} \lambda_0 f_{yrod}$ (7.3)

여기서, ϕ : 강도감소계수

A_{bolt} : 고장력볼트의 단면적

f_{ybolt} : 고장력볼트의 공칭항복강도

A_{rod} : 앵커로드의 단면적

λ_0 : 앵커로드 과다응력계수(=1.25)

f_{yrod} : 앵커로드의 공칭항복강도

(4) 식 (7.4)와 같이 보의 주근인 고강도 강봉의 총 공칭인장강도가 앵커로드의 실제 총강도를 상회해야 한다. 이때 강도저감계수는 쓰이지 않는데, 이는 식 (7.1)에서 이미 한번 고려되었기 때문이다. 다만 고장력볼트의 파단의 경우 식 (7.3)에서와 같이 취성파괴의 위험이 있으므로 강도저감계수의 중복사용이 고려된다. 제조사마다 다르지만 고강도 강봉의 구경은 32, 36, 40, 47, 57, 65 그리고 75mm 등이 있다. 공칭항복강도와 공칭인장강도는 32~47mm 구경의 경우 각각

950MPa과 1,050MPa이 일반적이며, 57~75mm 구경의 경우는 각각 835MPa과 1,035MPa이 일반적이다. PS 강봉은 제조사별로 보유한 규격과 인장강도가 다양하므로 KS D 3505 : 2002(PC)의 규격 외에 PS 강봉 제조사 제품의 규격에 따르도록 한다.

$$\text{고강도 강봉의 총 공칭인장강도} = n_{th}A_{th}f_{yth} \ \geq \ \lambda_0 n_{rod}A_{rod}f_{yrod} \tag{7.4}$$

여기서, n_{th} : 인장을 받는 고강도 강봉의 개수

A_{th} : 고강도 강봉의 단면적

f_{yth} : 고강도 강봉의 공칭항복강도

보에 묻히는 고강도 강봉의 총 공칭인장강도가 앵커로드의 총 실제 인장강도보다 언제나 크게 설계하기 때문에 계수하중에 의한 단부의 휨모멘트를 저항하기 위한 추가 상부 철근은 필요하지 않다. 다만 횡보강근을 배근하고 보 모서리의 균열을 제어하기 위해 총 2개의 상부 철근을 보 모서리에 기본 배근한다.

(5) 인발파괴 저항을 위하여 식 (7.5)와 같이 콘크리트구조기준에 의해 계산되는 앵커로드 정착판의 공칭지압강도는 앵커로드의 실제 인장강도보다 크게 설계해야 한다.

$$\text{앵커로드 정착판의 공칭지압강도} \ \geq \ \lambda_0 A_{rod}f_{yrod} \tag{7.5}$$

(6) 계수하중에 의한 보 단부의 휨모멘트를 저항하는 설계모멘트강도 계산식은 다음 식 (7.6)과 같다.

$$\phi M_n = \phi n_{rod}A_{rod}f_{yrod}(d-d') \ \geq \ M_u \tag{7.6}$$

(7) 식 (7.7), (7.8)과 같이 보와 기둥 사이의 접합전단강도는 사용고정하중 그리고 계수하중에 의한 전단력보다 크게 설계해야 한다. 고장력볼트의 프리텐션은 볼트 공칭항복강도의 30% 정도로 설계하고, 심플레이트와 너트 사이의 접합면에 대한 마찰계수(μ)는 보수적으로 0.33을 사용한다(AISC 2010). 실제로 $\mu=0.45$까지는 슬립이 발생하지 않는다고 실험결과를 통해 보고되고 있다(Englekirk 1994, 2003).

(a) 사용고정하중에 대한 고려

$$\text{볼트 프리텐션에 의한 접합전단강도} = (n_l n_{bolt/layer} A_{bolt} f_{ybolt})(\mu) \geq V_{DL} \quad (7.7)$$

여기서, n_l : 고장력볼트가 배열된 열의 수

$n_{bolt/layer}$: 한 열에 배열된 고장력볼트의 개수

A_{bolt} : 고장력볼트의 단면적

f_{ybolt} : 고장력볼트의 공칭항복강도

V_{DL} : 사용고정하중에 의한 전단강도

(b) 계수하중에 대한 고려

$$\text{계수모멘트에 의한 접합전단강도} = \left(\frac{M_u}{d-d'}\right)(\mu) \geq V_u \quad (7.8)$$

여기서, V_u : 계수하중에 의한 전단강도

μ : 마찰계수

제 8 장

포스트텐션 저장 구조물

8.1 개요

저장 구조물은 인류에게 필수 생산물을 저장 및 공급하는 중요한 역할을 해 왔다. 액체나 고체로 이루어진 생산물은 간헐적으로 생산되어 균등한 속도로 소비되거나 지속적으로 생산되어 불규칙적으로 소비되는 경우가 많으므로 생산물을 저장할 수 있는 구조물의 건설이 요구된다. 또한 대부분의 경우 생산지역과 소비지역이 상당히 떨어져 있기 때문에 적절한 저장능력을 갖는 구조물의 공급과 유지관리가 필요하다.

저장 구조물은 일반적으로 강재나 콘크리트로 시공되며 다음과 같은 장점이 있다.

(a) 콘크리트 저장 구조물은 시공 및 유지보수가 경제적이다. 콘크리트 배합에 필요한 재료는 일반적으로 지역에서 구할 수 있으며 적절한 특수 공법은 공기를 단축시키므로 시공비가 상대적으로 저렴하다.

(b) 콘크리트 저장 구조물은 상대적으로 기계적인 영향에 덜 민감하다. 예를 들어 강재 저장 구조물은 환경오염물질이나 위험물을 저장하는 경우 요구되는 안전도에 따라 콘크리트 벽체로 둘러싸야 하는 경우가 있다.

(c) 콘크리트 저장 구조물은 다양한 재료를 저장하는 데 적합하다. 예를 들어 적절한 내부 탱크(liner)를 설치하여 저온 액화천연가스를 저장할 수 있다.

콘크리트 저장 구조물에 프리스트레스를 도입하게 되면 발생 가능한 균열을 최대한 제어할 수 있어 내구성 및 유지보수 측면에서 유리하고, 주철근량과 전단보강 철근량도 감소하여 시공성 및 공기단축 측면에서도 장점이 있다. 또한 원통형 저장 구조물의 벽체에 수평으로 설치되는 프리스트레스 부재는 순수인장에 저항하므로 구조적으로도 유리한 대응방법이다.

이 장에서는 포스트텐션이 적용된 콘크리트 저장 구조물을 다루고자 한다. 저장 구조물의 분류와 관련 규정 및 시방, 그리고 대표적인 포스트텐션 원통형 저장 구조물인 사일로와 액화천연가스 저장탱크에 대하여 순차적으로 소개한다.

8.2 분류

포스트텐션이 적용된 저장 구조물은 저장물 유형별로 액체와 고체로 구분할 수 있으며, 구조물 형태별로 원통형, 각형 등으로 나눌 수 있다.

8.2.1 저장물 유형별 분류

1) 액체 저장 구조물

(1) 저수조

물은 생활에 필수적인 재료로서, 이를 저장하는 저수조는 가장 대표적인 저장 구조물이다. 일반적으로 물은 어떠한 형태로든 어렵지 않게 보관할 수 있고 내부 탱크(liner)가 필요 없기 때문에 저수조는 다양한 형태가 될 수 있다.

지상 또는 지중에 설치되는 저수조는 대부분 원주 형태이며 각형으로 시공되기도 한다. 지붕의 형태는 기둥에 지지되는 평면 형상이거나 내부 지지물 없이 수조벽체에 지지되어 반구 형상을 가지기도 한다. 수조의 벽체에 작용하는 수압은 상수위에 비례하기 때문에 지상 또는 지중에 설치되는 저수조는 벽체가 낮은 것이 유리하다.

(2) 급수탑

수압조건에 따라 높은 위치에 수조가 설치되는 경우도 있는데, 이것이 급수탑이다. 이러한 형태의 탑은 일반적으로 원통형 축과 원뿔형 수조로 이루어져 있다. 이 형상은 시공적인 면에서나 건축적인 관점에서 모두 장점을 갖는다.

(3) 하수조

하수처리를 위하여 침전 수조, 통기형 수조, 슬러지 수조가 사용된다. 슬러지 수조는 원통형이거나 달걀 형상인 반면 침전 수조는 일반적으로 원통형과 직사각형 통기 수조이다. 달걀 형상은 슬러지 소화과정에 상당한 이점을 가진 것으로 입증되어 일반적인 형태가 되고 있다.

하수처리공장은 대개 배수로 주변에서 지하수위면 또는 지하수위 상부에 배치되는데, 수조의 수밀성을 위하여 엄격한 기준이 적용된다. 이러한 요구조건은 바닥 슬래브와 벽체에 포스트텐션을 적용함으로써 만족될 수 있다.

(4) 액화천연가스, 액화석유가스 저장탱크

LNG와 LPG 저장탱크는 액화가스를 저장한다. LNG는 "액화천연가스(Liquefied Natural Gas)", LPG는 "액화석유가스(Liquefied Petroleum Gas)"의 약자이다. 가스를 액화하기 위해서는 극저온(−165℃~−5℃)으로 냉각해야 하는데, −5℃는 액화석유가스에 적당하며 −165℃는 액화천연가스에 적당하다. 액체 상태의 부피는 부탄가스의 경우 기체 상태 대비 1/240에서 액화천연가스의 경우 기체 상태 대비 1/630이다. 액화천연가스는 극저온일 때 대기압 상태에서 저장할 수 있지만, 액화석유가스는 압력을 가한 상태에서 보관해야 한다. 액화가스탱크는 다음의 성능을 가져야 한다.

(a) 액화가스가 누출 없이 보관되어야 한다.

(b) 가스가 흡수하는 열이 최소화되어야 한다.

(c) 탱크는 양방향(수직/수평)으로 누출이 허용되지 않게 밀폐되어야 한다.

적절한 내부 탱크가 있는 콘크리트 탱크는 이러한 요구사항에 적합한 것으로 확인되었다. 폭넓은 온도 변화를 받게 되는 내부 탱크는 대부분 니켈 강판이며 내부 탱크와 콘크리트 벽체 사이에는 단열재가 설치된다.

액화가스 누출과 같은 극단적인 경우에 콘크리트와 PS 강연선은 극저온 상태에 노출된다. 이러한 극저온의 조건에서 가스가 유출되지 않도록 하기 위해서는 프리스트레스트 시스템에 손상이 없어야 하는데, 이것은 PS 강연선과 정착장치가 극저온 상태에서 응력에 저항해야 함을 의미한다. 그러므로 액화가스 탱크에는 극저온 시험을 통하여 성능이 입증된 포스트텐션 시스템이 적용된다.

(5) 암모니아, 에틸렌, 가솔린, 유류 등을 위한 안전 벽체

환경적으로 유해한 액체를 저장하는 강재 탱크는 대개 보호 및 안전 콘크리트 벽체로 둘러싸이게 되는데, 이 벽체는 치명적인 사고가 발생하였을 때 저장물이 외부로 유출되지 않도록 유지한다. 이전에 시공된 탱크는 강재 탱크 시공 이후에 안전 벽체가 설치된 반면, 최근에는 강재 탱크와 콘크리트 벽체가 함께 시공되는 추세이다.

이 안전 벽체 시공에는 슬립폼 공법이 주로 쓰인다. 안전벽체는 탱크 주변에 원통형으로 시공되며, 주로 단일 강연선을 사용하여 포스트텐션을 적용한다.

2) 고체 저장 구조물

(1) 시멘트, 클링커 저장 사일로

시멘트나 클링커를 저장하는 사일로는 내용물의 적재와 배출에 따라 빈번하게 변하는 하중에 대하여 가장 적합한 원통 형태를 가진다. 사일로는 상부를 통하여 저장물을 적재하고 하부로 이를 배출하기 때문에, 저장물을 배출하기 위한 홈통과 운반장비에 적재하기 위한 접속부가 저장공간의 하부에 있다. 사일로는 비교적 큰 구조물이며, 특히 수직방향으로 높다. 사일로의 벽체는 슬립폼과 포스트텐션을 사용하여 시공한다.

(2) 이 외에 석탄, 알루미나, 곡물 등의 적재 및 보관에 이 콘크리트 저장 구조물이 적용된다.

8.2.2 구조물 형상별 분류

콘크리트 저장 구조물의 형상은 원통형이 일반적이며, 원추형과 각형, 달걀 형상

등이 있다(그림 8.1~8.4). 원추형은 급수탑에 사용되는 형상이며 달걀 형상은 하수처리시설에 적용되고 있다.

그림 8.1 **원통형 액화천연가스 저장탱크, 광양**

그림 8.2 **원추형 급수탑**

그림 8.3 **각형 급수탑**

그림 8.4 **달걀형 하수조**

8.3 관련 규정 및 시방

원통형 저장구조물에 대한 규정은 초기에 사일로와 벙커에 대하여 제정하기 시작하였으며, 저장물의 종류가 다양화됨에 따라 액화천연가스 저장탱크나 원자력발전소 격납건물 등과 같이 대상구조물에 대한 규정이 세분화 되어 발전하여 왔다.

8.3.1 사일로와 벙커

사일로와 벙커의 안전성을 확보하고 효율 증대를 위하여 몇몇 국가에서 사일로와 벙커의 설계 및 시공을 위한 규정을 적용하기 시작하였는데, 독일, 구 소련, 프랑스, 미국에서는 각각 다음과 같은 자국 규정을 적용하였다.

(a) DIN 1055-6 : 2005-03 (Germany)

(b) CH-302-65 (Soviet Union)

(c) P22-630(1992) (France)

(d) ACI 313-97 / 344R-T / 344R-W / 372R-13 (USA)

8.3.2 액화천연가스 저장탱크

세계적으로 액화천연가스 저장탱크의 설계, 시공 및 운전과 관련하여 적용되는 일반적인 지침은 BS 7777 : 1993, API Standard 620(1993), API Standard 2000(2014), BS EN 1473 : 2007, NFPA 59A(2013), JGA RPIS와 RPAS 등이 있다.

(a) API Standard 620(1993), Design and Construction of Large, Welded, Low-Pressure Storage Tanks : Appendix Q, L

(b) API Standard 2000(2014), Venting Atmospheric and Low-Pressure Storage Tanks

(c) BS 7777 : 1993, Flat-bottomed, Vertical, Cylindrical Storage Tanks for Low Temperature Services : Part 1, 2, 3

(d) BS 8110 : 1997, Structural Use of Concrete : Part 1, 2

(e) BS EN 1473 : 2007, Installation and Equipment for Liquid Natural Gas－Design of Onshore Installations

(f) NFPA 59A(2013), Standard for the Protection, Storage and Handling of Liquefied Natural Gas(LNG)

(g) ASME(2013), Boiler and Pressure Vessel Code

8.4 사일로

8.4.1 개요

사일로는 대표적인 저장 구조물로서 사일로의 저장물의 유형은 대부분 고체이며, 곡물에서 산업재료에 이르기까지 다양하다. 형태는 주로 원통형이다. 포스트텐션을 적용한 사일로는 프리스트레스 도입 형식에 따라 다음과 같이 크게 두 가지로 분류한다.

1) 텐던 시스템

텐던 시스템은 강연선이나 강선 또는 강봉을 덕트 내부에 설치하여 긴장력을 도입하는 방식이다(그림 8.5). 이 방식은 대표적으로 세 가지 시공 방법이 있다. 첫째는 벽체를 시공할 때 텐던과 이를 보호하는 덕트를 콘크리트 타설 전에 매립하는 방식이다. 이 방식은 거푸집 작업을 할 때 돌출한 강연선으로 인하여 점프폼 공법에는 실용적이지만 슬립폼 공법에는 적절하지 못하다. 둘째는 벽체를 시공할 때 텐던을 설치하는 방식으로, 벽체 콘크리트 타설 전에 덕트를 매립하고 콘크리트 양생 후 강연선을 삽입한다. 거푸집 작업을 할 때 강연선이 없어 간섭이 없으므로 시공성이 좋으며 일반적으로 쓰이는 방식이다. 셋째는 벽체를 시공할 때 외부 텐던을 감아주는 방식이다. 이 공법은 보수·보강에 적합하다.

텐던 시스템 방식은 사일로의 형태와 상관없이 적용이 가능하며 독립된 사일로뿐 아니라 그룹 형태의 사일로에도 사용할 수 있다(그림 8.6). 그러나 랩 시스템에 비하여 프리스트레스가 덜 균등하게 작용하고, 정착부 설치를 위하여 버트레스, 붙임기둥 또는 블록아웃을 계획해야 하는 단점이 있다.

2) 랩 시스템

랩 시스템은 주로 액체 저장탱크에 사용하는데, 원통형 구조물의 외곽을 고강도 강선으로 감싸는 형식이다. 이 방식은 벽체를 시공한 후에 설치되므로 슬립폼 공정이 간편하며 긴장력 도입을 위한 버트레스나 붙임기둥과 같은 상세가 없어도 되는 장점이 있다. 반면 독립된 원통형 사일로에만 적용할 수 있으며 숏크리트와 같은 별도의 보호 모르타르 피복을 주의하여 시공해야 하는 것이 단점이다.

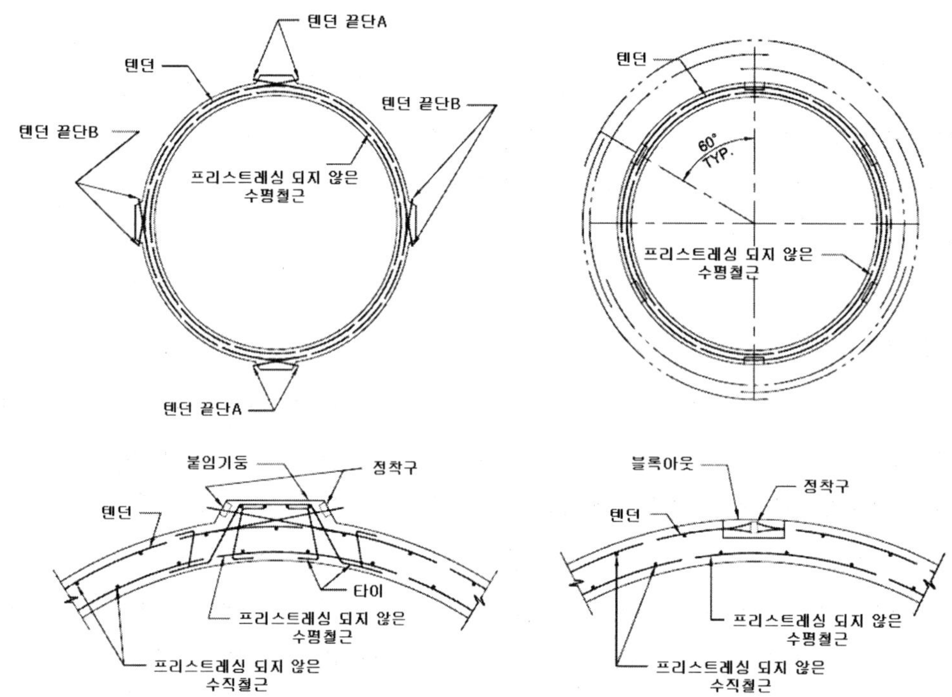

(a) 붙임기둥 형태　　(b) 블록아웃 형태

그림 8.5 **텐던 시스템이 적용된 원통형 프리스트레싱**

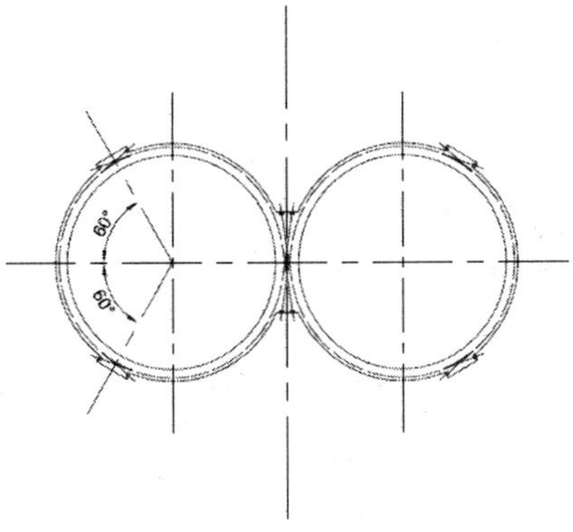

(a) 2개의 사일로(3점 긴장)

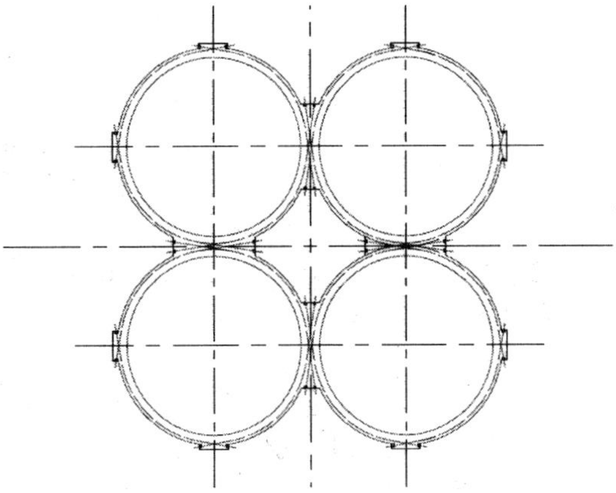

(b) 4개의 사일로(4점 긴장)

그림 8.6 **다중 포스트텐션 사일로**

8.4.2 배근 및 상세

텐던 시스템 적용 원통형 사일로의 계획과 텐던의 배치 및 상세는 다음의 시공 사례에 나타나 있다(그림 8.7~8.9).

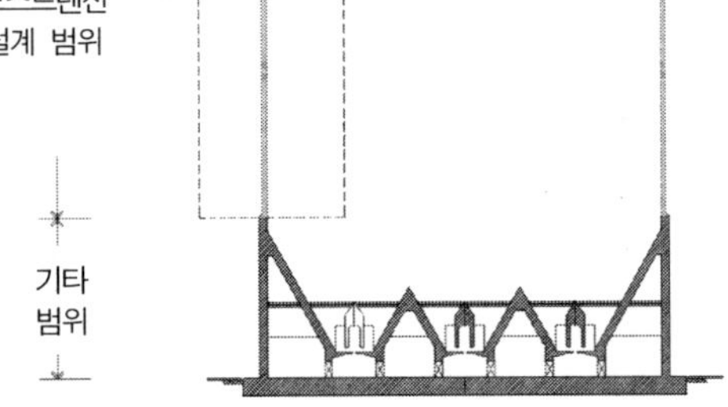

그림 8.7 **벽체 평면도(유연탄 사일로, 포항) (계속)**

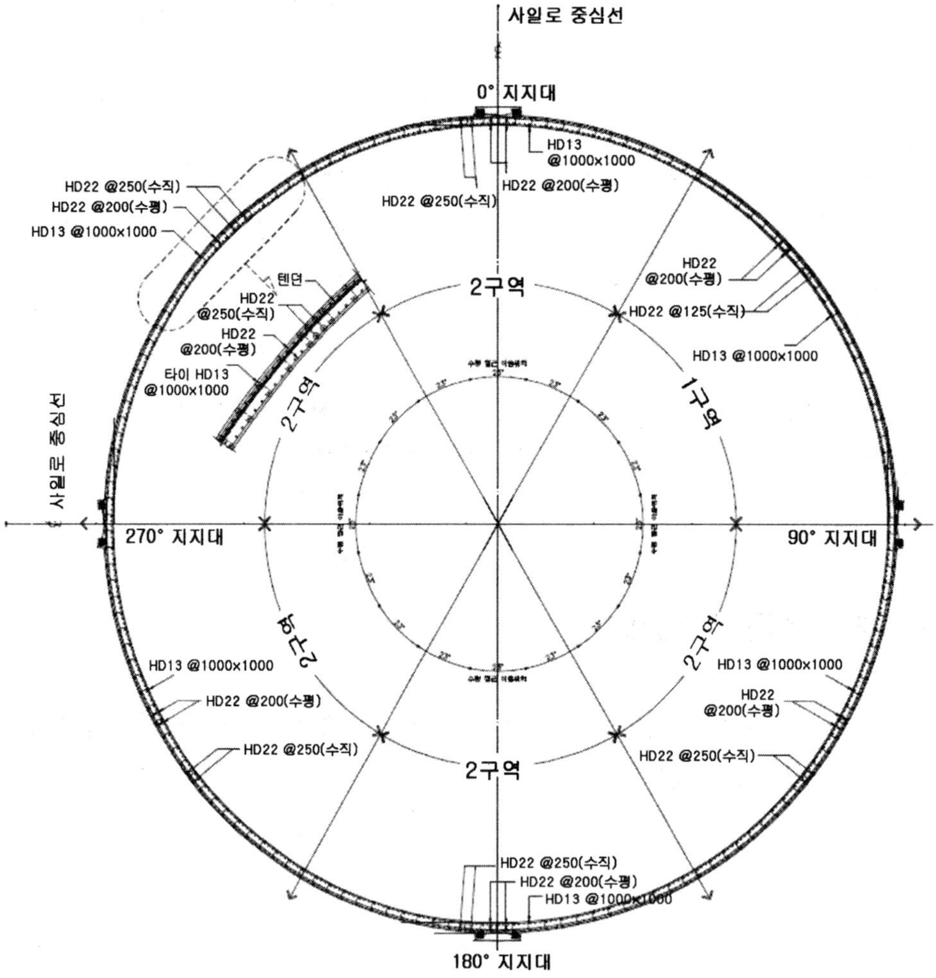

그림 8.7 **벽체 평면도(유연탄 사일로, 포항)**

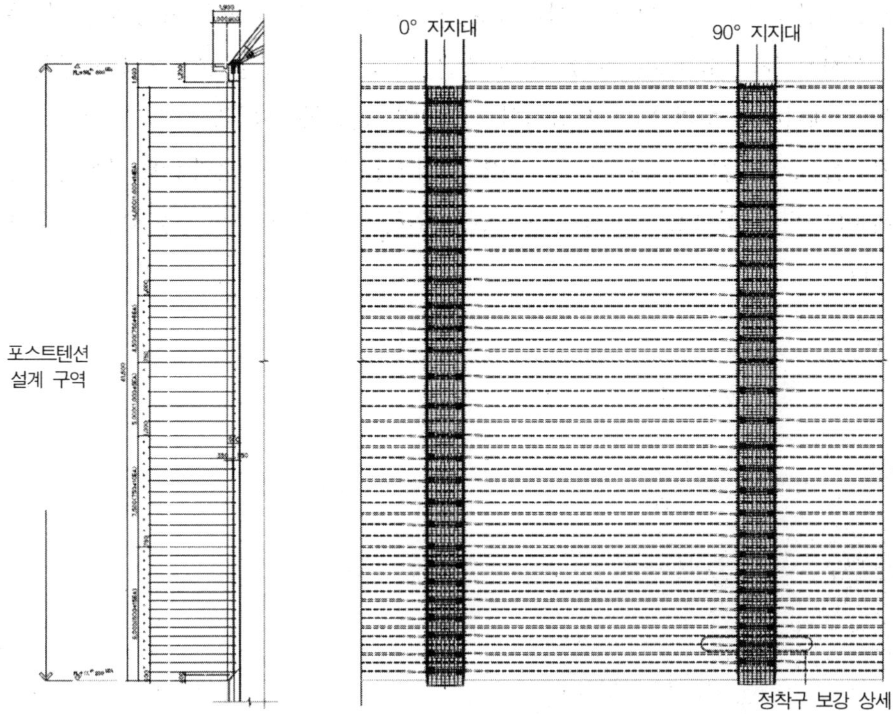

그림 8.8 **텐던 배치도(유연탄 사일로, 포항)**

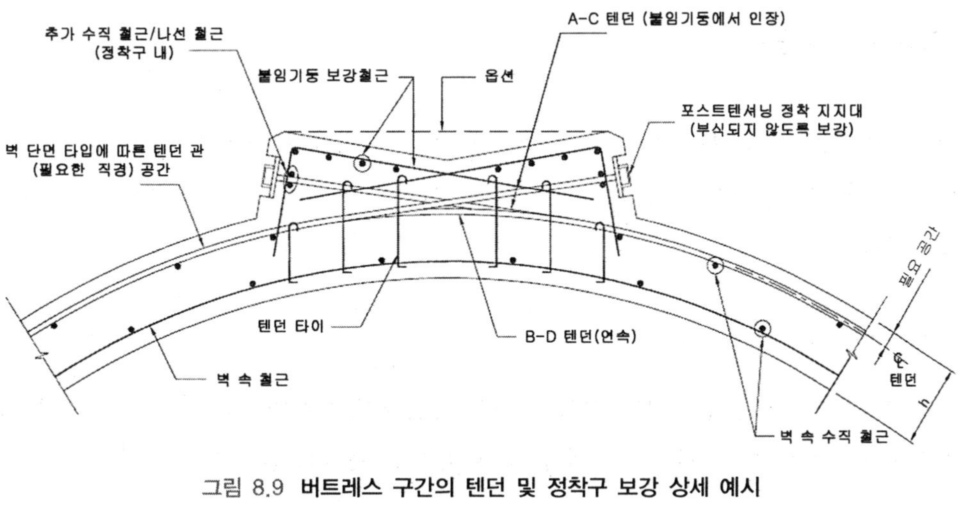

그림 8.9 **버트레스 구간의 텐던 및 정착구 보강 상세 예시**

버트레스나 붙임기둥은 정착구가 설치되는 구간으로 텐던, 정착구, 보강철근 및 주철근이 간섭하는 구간이다(그림 8.9). 이 구간은 정착부의 국부응력에 대한 보강철근을 적절하게 배치해야 하며 텐던이 급격하게 꺾이지 않도록 유의해야 한다. 버트레스나 붙임기둥을 두지 않는 경우에는 강연선의 긴장작업을 위하여 정착부에 블록아웃을 두어야 하며(그림 8.10, 8.11), 이때 긴장작업을 위하여 별도의 부속품을 갖춘 긴장기를 사용한다.

그림 8.10 **V社의 Z-anchorage 긴장기**

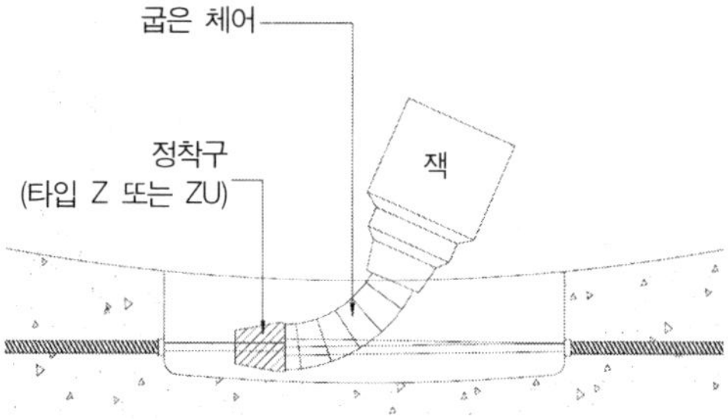

그림 8.11 **굽은 체어와 긴장기**

8.4.3 시공

이 절에서는 포스트텐션은 텐던 시스템, 비계는 슬립폼이 적용되는 원통형 사일로의 시공 사례를 통하여 사일로의 시공과정과 시공할 때의 유의사항에 대하여 살펴보도록 한다.

1) 시공순서

포스트텐션 시공은 콘크리트 타설 전 철근배근과 병행하여 진행하며, 그림 8.12와 같이 콘크리트 타설 후 긴장, 그라우팅 및 마감작업 순서로 진행한다.

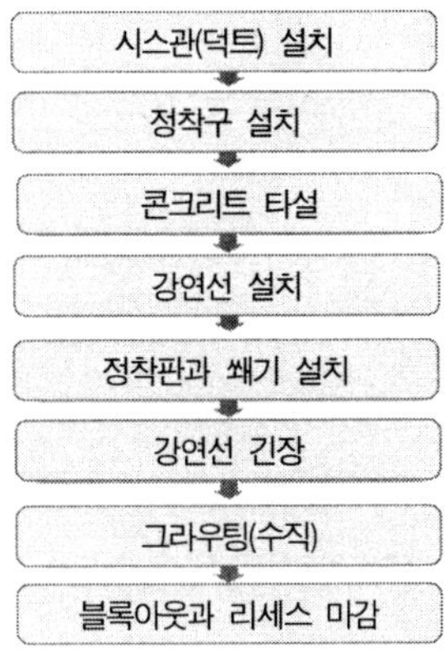

그림 8.12 **사일로 포스트텐션 시공순서**

2) 시공에서 유의사항

(1) 덕트

덕트는 설계도서에서 제시하는 대로 올바르게 배치할 수 있도록 철근배근 위치를 검토하여 간섭을 확인한다. 설치할 때에는 관련 규정과 공사시방서의 시공 허용오차 이내를 준수하도록 하며, 타설할 때 콘크리트의 유동이나 부력에 의하여 덕트가 이동하지 않도록 지지철근에 단단히 결속시킨다. 특히 타설할 때 덕트에 콘크리트나 시멘트 페이스트가 유입되지 않도록 유의해야 하는데 덕트를 설치할 때 이음부를 밀실하게 하며, 철근작업 중 덕트에 손상을 가하지 않도록 주의해야 한다.

(2) 그라우팅

그라우팅은 포스트텐션 구조물의 내구성에 밀접한 영향을 주는 작업으로 해당 공사에서 요구되는 그라우트 성능을 확보할 수 있도록 배합해야 한다. 또한 그라우팅이 시작되면 중단 없이 작업이 연속적으로 이루어져야 하는데, 최근 시공되는 사일로의 용량이 대형화 됨에 따라 사일로의 직경 및 높이도 증가하고 있다. 따라서 재료분리와 같은 그라우트의 성능의 변화 없이 소요의 높이까지 고압으로 그라우트를 압송할 수 있는 적절한 성능 및 용량을 가진 그라우트 믹서가 요구된다.

(3) 가설 작업대

사일로 벽체가 양생된 후에는 강연선 설치 및 인장, 그라우팅, 블록아웃 마감작업을 위해 곤돌라와 같은 가설작업대가 필요하다(그림 8.13, 8.14). 고소작업이 이루어지므로 가설작업대를 계획할 때 작업하중을 고려하여 안전성을 확보해야 한다.

그림 8.13 **가설작업대**

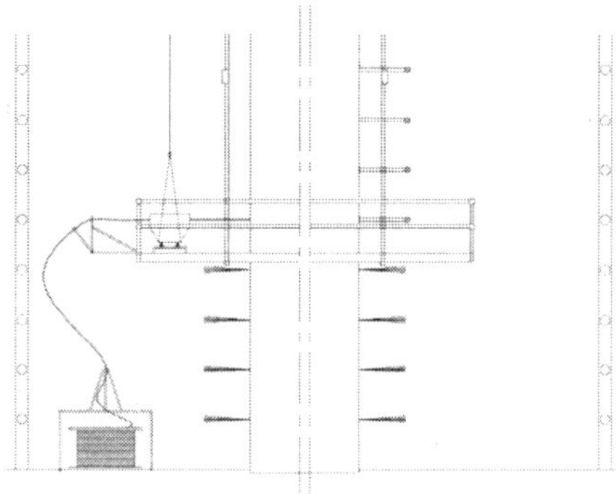

그림 8.14 **강연선 설치**

8.5 액화천연가스 저장탱크

8.5.1 개요

액화천연가스는 기존 에너지원을 대체할 수 있는 자원으로서 수요가 증가하고 있다. 우리나라는 배관을 통해 천연가스를 직접 공급받는 미국이나 유럽 국가들과 달리 천연가스를 초저온으로 액화시킨 액화천연가스를 도입하여 소비자에게 공급하므로, 천연가스의 수요 증가와 함께 액화천연가스 탱크의 수요도 증가하고 있는 추세이다.

1) 분류

액화천연가스 저장탱크는 사고가 발생할 때의 방호방식에 따라 다음의 세 가지 유형으로 분류된다.

(a) 단일방호 탱크 : 저온액체에 직접 접촉하는 내부 탱크만 저온 연성의 필요조건을 만족하도록 설계 및 시공된다(그림 8.15).

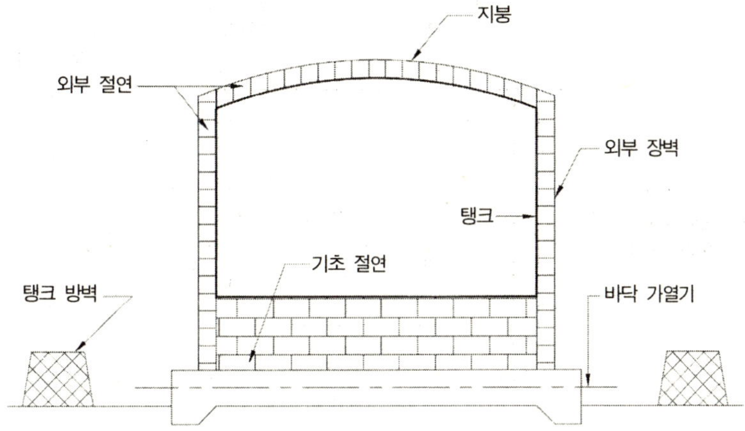

그림 8.15 **단일방호 탱크(BS 7777 : 1993)**

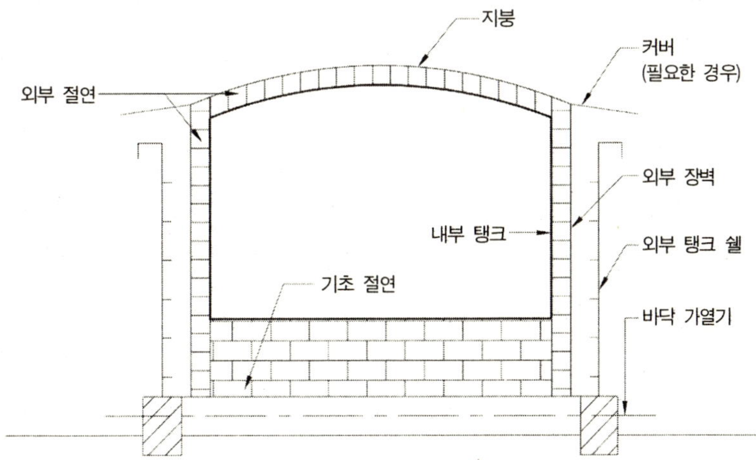

그림 8.16 **이중방호 탱크(BS 7777 : 1993)**

(b) 이중방호 탱크 : 내부 탱크와 외부 탱크가 저온 연성의 조건을 만족하도록 설계 및 시공한다(그림 8.16). 외부 탱크는 내부 탱크가 파괴되었을 때 누출된 액체를 저장할 수 있어야 하나 기화된 가스의 누출 방지 기능은 고려하지 않는다.

(c) 완전방호 탱크 : 이중방호 탱크와 마찬가지로 내부 탱크와 외부 탱크 모두 저온 연성조건을 만족해야 한다(그림 8.17). 외부 탱크는 내부 탱크 파괴 시 누출된 액체를 저장할 수 있을 뿐 아니라 가스의 누출도 방지할 수 있어야 한다.

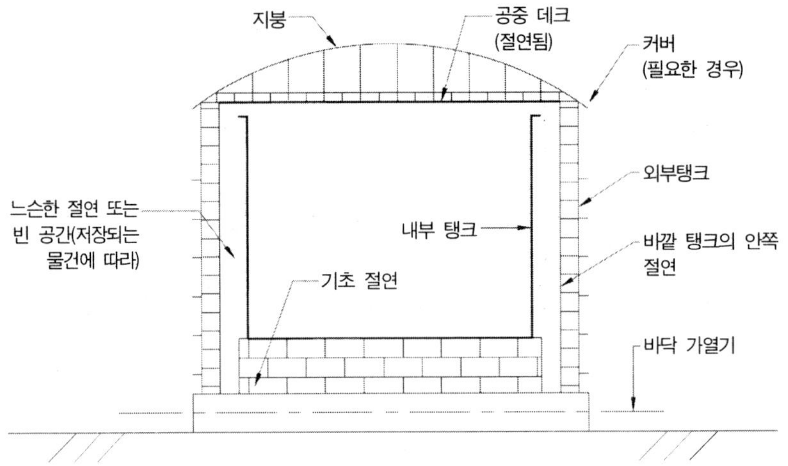

그림 8.17 **완전방호 탱크(BS 7777 : 1993)**

본문에서는 상기 세 가지 종류의 액화천연가스 저장탱크 중 완전방호 탱크의 외조에 대하여 기술하고자 한다.

2) 특성 및 요구 성능

완전방호식 액화천연가스 저장탱크의 콘크리트 외조는 외부의 하중뿐 아니라 내부 탱크가 파괴되었을 때 액화천연가스 누출에 의한 추가적인 피해를 방지할 수 있도록 설계 및 시공한다. 액화천연가스가 누출되었을 때 외조의 특정부분은 -165℃까지 온도가 내려간다. 이러한 초저온 상태에서 프리스트레스의 안정적인 확보를 위하여 극저온 성능평가를 통하여 인증 받은 포스트텐션 시스템을 사용한다(그림 8.18, 8.19).

그림 8.18 **정착구 극저온 시험**

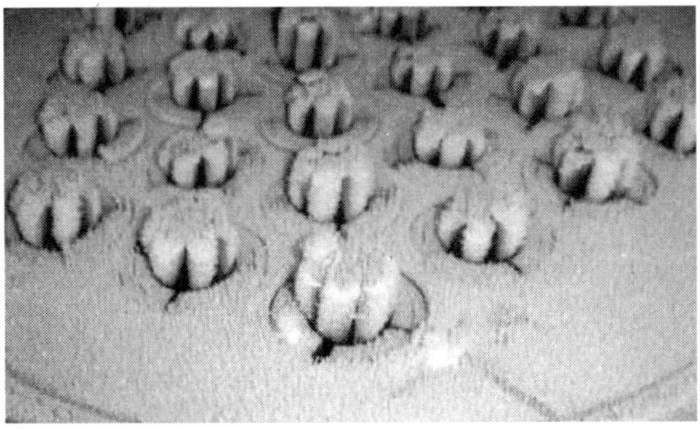

그림 8.19 **정착구의 극저온 상태**

8.5.2 설계하중 및 설계과정에서 고려사항

액화천연가스 저장탱크의 외조를 설계할 때 탱크의 용량 및 형식에 따라 적절한 접근 방법을 선택하는데, 일반적으로 외조를 지붕, 링빔, 벽체, 기초판 등 각각의 구조요소로 구분하여 각 구조요소의 형상별로 적절한 해석 방법을 통하여 설계한다. 이 절에서는 콘크리트 외조의 설계하중과 설계할 때의 고려사항을 기술하고자 한다.

1) 설계하중

액화천연가스 저장탱크가 정상가동할 때 액화천연가스에 의한 측압은 내부 탱크에만 작용하며, 누출사고가 발생하였을 때 콘크리트 외부 탱크에 하중으로 작용한다. 콘크리트 외부 탱크를 설계할 때 고려하는 설계하중은 다음과 같다.

(a) 영구하중 : 고정하중, 콘크리트의 건조수축에 의한 하중

(b) 프리스트레스 하중

(c) 가변하중 : 수압시험 하중, 액화천연가스 사용하중, 내부 가스 하중, 풍하중, 기능수행 수준 지진하중, 지붕에 작용하는 적재하중(설하중 포함), 외부온도 변화에 따른 온도하중, 침하하중

(d) 비상 상황에서의 하중 : 폭발하중, 충격하중(미사일 하중), 내부 탱크의 유출, 붕괴방지 수준 지진

2) 설계과정에서 고려사항

(a) 액화천연가스 저장탱크의 콘크리트 외부 탱크는 원주방향의 인장력과 수직방향의 휨모멘트에 대한 부재력을 확보하기 위하여 프리스트레스를 도입한다. 원주방향의 인장력에 대하여 원주방향으로 수평텐던을 설치하여 프리스트레스를 도입하며 휨모멘트에 대하여는 수직텐던을 배치한다.

(b) 콘크리트 외부 탱크의 수평텐던은 일반적인 구조물보다 곡률에 의한 영향이 크므로 프리스트레스 손실을 계산하여 유효프리스트레스를 추정해야 한다.

(c) 외부 탱크 벽체의 수평텐던은 액화천연가스의 측압을 상쇄하기 위해 벽체 하부로 갈수록 배치간격이 좁아진다. 액화천연가스 측압을 상쇄한다는 점에서는 구조적으로 유리하지만, 시공 중에는 측압이 존재하지 않기 때문에 벽체 하부에

면외방향 모멘트가 과하게 작용할 수 있으므로 주의한다. 또한 텐던 간 최소 이격거리를 고려하여 배치한다.

(d) 텐던과 액화천연가스 측압에 의하여 벽체에 휨모멘트가 작용하게 된다. 탄성설계에서 작용하는 휨응력은 벽체두께의 제곱에 반비례하므로 벽체두께를 조절함으로써 휨인장응력을 감소시킬 수 있다. 최근 액화천연가스 저장탱크의 다수가 하부에 벽체두께를 증가시키는 변단면 형식을 적용하고 있다.

8.5.3 시공

1) 시공순서

포스트텐션 시공은 사일로의 경우와 같으며 액화천연가스 저장탱크는 수평텐던뿐만 아니라 수직턴덴의 시공이 추가되는 점이 다르다. 액화천연가스 저장탱크 콘크리트 외부 탱크 벽체에 적용하는 포스트텐션 시공순서는 그림 8.20과 같고 시공과정은 그림 8.21에 나타나 있다.

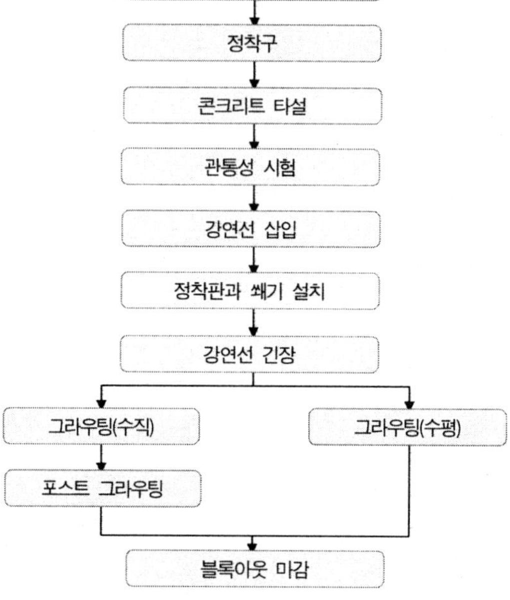

그림 8.20 **액화천연가스 저장탱크 포스트텐션 시공순서**

(a) 시스관/덕트 설치

(b) 정착구 설치

(c) 콘크리트 타설

(d) 강연선 설치

(e) 앵커헤드 및 쐐기 설치

(f) 강연선 긴장

(g) 그라우팅

그림 8.21 **액화천연가스 저장탱크 포스트텐션 시공과정(V社가 시공한 액화천연가스 저장탱크, 평택)**

2) 시공에서 고려사항

(a) 액화천연가스 저장탱크의 벽체에 수직과 수평 양방향으로 텐던을 배치한다. 수평텐던의 정착구는 버트레스에 설치하며 수직텐던은 U자형 또는 일자 형태로 배치한다. 덕트를 설치할 때에는 시공 중 변형되거나 제 위치에서 이탈하지 않도록 주의해야 한다. 덕트는 강연선을 설치하는 방법은 강연선을 밀어 넣는 방식과 가이드 선을 통해 강연선 다발을 당겨서 덕트 내부에 설치하는 당기는 방식이 있다(그림 8.22와 8.23). 일반적으로 수직텐던은 당기는 방식을 사용하고 수평텐던은 밀어 넣는 방식을 사용하여 강연선을 설치한다. 또한 그라우트 작업을 할 때에는 공극 없이 밀실하게 그라우트가 주입되도록 주입구와 벤트를 배치한다.

(b) 수직텐던은 정착구가 지붕 부위에 위치하여 상부로 개방되어 오염물이 침투할 수 있으므로 보호커버를 설치하여 우수나 이물질이 유입하지 않도록 밀폐한다.

(c) 강연선을 긴장할 때 프리스트레스가 한 부분에 집중되지 않도록 텐던의 긴장순서를 사전에 적절히 계획하여 진행한다.

(d) 액화천연가스 저장탱크는 대용량화 되는 추세에 있으며, 최근 시공되는 액화천연가스 저장탱크의 외부 탱크높이는 지면에서 50m 이상에 이른다. 높은 고도에서 작업을 원활하게 진행할 수 있는 장비의 사양이 요구되며, 밀어 넣는 방식으로 강연선을 삽입하는 경우 강연선 삽입기가 적절한 용량을 가져야 한다. 또한 그라우트의 재료적 성능을 떨어뜨리지 않으며 높은 위치까지 압송할 수 있는 그라우트 믹서가 필요하다.

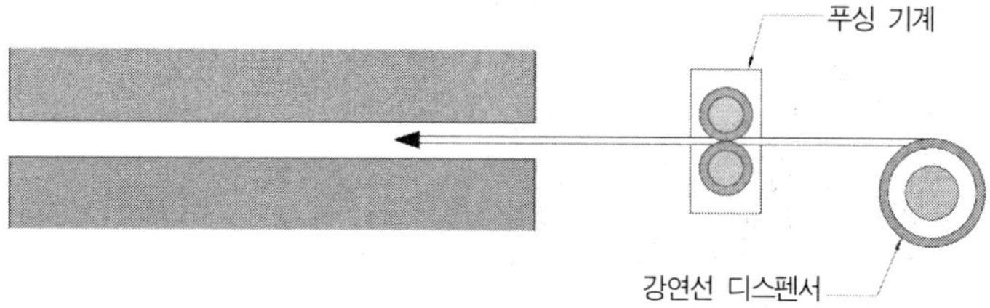

그림 8.22 **밀어 넣는 방식**

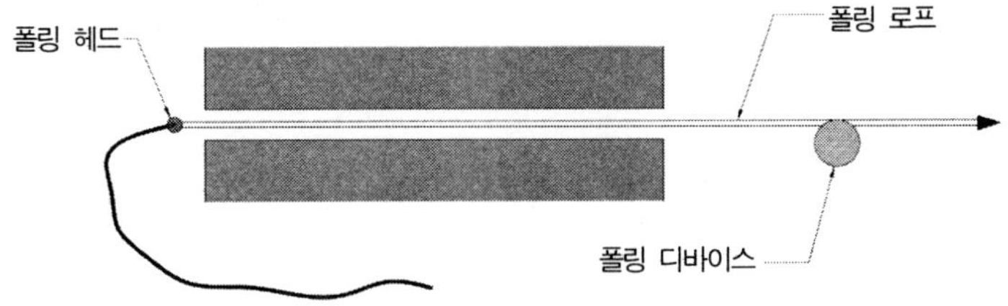

그림 8.23 **당기는 방식**

제 9 장

맺음말

이 실무지침에서는 건축물과 플랜트 구조물의 설계 및 시공에 있어서 프리스트레스 공법을 이용하는 경우 유익한 자료로 활용될 수 있는 내용들을 수록하고자 하였다. 실무자에게 유용한 정보를 제공하기 위해 전반적인 내용을 체계적이고 포괄적으로 구성하였다. 건축물 및 플랜트 구조물에 적용되는 프리텐션, 포스트텐션, 프리캐스트 공법 등 다양한 PSC 공법을 소개하였으며, 전이슬래브, 와플 슬래브, 정착구역 설계, PT 최적 설계, 프리스트레스트 PC 구조, 플랜트 PC 골조, 플랜트 저장 구조물에 관한 다양한 내용을 기술하였다.

이 실무지침은 기존에 한국콘크리트학회 프리스트레스트콘크리트위원회에서 출간한 『건축 포스트텐션 시스템』(2013)과 『PS 긴장재의 시공, 긴장관리 및 그라우팅』(2013)에 이은 세 번째 실무지침이다. 아직까지 두 권의 실무지침을 발간한 한국콘크리트학회 전문위원회가 없는 상황에서 세 권의 실무지침 발간은 업계의 발전에 기여코자 하는 PSC위원회의 노력의 산물이며, 분명 의미 있는 업적이라 할 수 있다. 그럼에도 불구하고 PSC 구조물의 설계 및 시공에 관한 내용이 워낙 방대하여 여전히 다루어지지 않은 구조설계, 공법, 시공, 제품, 재료, 상세, 시방에 관한 사항들이 다수 있다. 앞으로도 한국콘크리트학회 PSC위원회는 유용한 기술과 정보를 실무자들과 공유하여 상호 보완적이고 발전적인 형태의 업계를 구축하고자 노력할 것이다. 특히 2015년에는 비부착 텐던 관련 시방과 프리스트레스 손실이라는 주제로 네 번째 실무지침을 집필하여 돌아오는 2016년에 출간할 계획이다.

참/고/문/헌

1) 강현구 · 김상희 · 윤장근 · 방중석, "횡하중저항능력 확보를 위한 콘크리트 선행부재와 후속부재 간의 연결방법", 한국콘크리트학회지, Vol.26, No.1, 2014, pp.45~50.

2) 기술표준원, PC 강봉 KS D 3505 : 2002, 기술표준원 고시 제2002-1532호, 한국표준협회, 2002.

3) 김선형 · 최은규 · 김선국 · 이성호, "PC 부재에 의한 물류시설의 골조공사 개선사례 연구", 한국건축시공학회, Vol.10, No.6, 2010, pp.127~135.

4) 대한건축학회, 건축구조기준 및 해설, 2009.

5) 배규웅, "PC 산업의 동향과 향후 전망", 한국건설기술연구원, 2012.

6) 이동주 · 이주동 · 오태수 · 강현구, "볼트 접합 및 프리스트레스를 적용한 프리캐스트 콘크리트 보-기둥 외부접합부의 내진실험", 한국콘크리트학회 논문집, Vol.26, No.2, 2014, pp.125~133.

7) 한국콘크리트학회, 건축 포스트텐션 시스템, 2013.

8) 한국콘크리트학회, 콘크리트구조기준, 2012.

9) AASHTO, Standard Specification for Highway Bridges-17th Edition, American Association of State Highway and Transportation Officials Publication, USA, 2002.

10) ACI Committee 313, Standard Practice for Design and Construction of Concrete Silos & Stacking Tubes for Storing Granular Materials (ACI 313-97), American Concrete Institute, USA, 1997.

11) ACI Committee 344, Design and Construction of Circular Prestressed Concrete Structures with Circumferential Tendons (ACI 344R-T), American Concrete Institute, USA, 1988.

12) ACI Committee 344, Design And Construction of Circular Wire and Strand Wrapped Prestressed Concrete Structures (ACI 344R-W), American Concrete Institute, USA, 1986.

13) ACI Committee 372, Guide to Design and Construction of Circular Wire-and Strand-Wrapped Prestressed Concrete Structures (ACI 372R-13), American Concrete Institute, USA, 2013.

14) ADAPT Corporation, ADAPT RC 2010 Theory, Examples and Verification, ADAPT Corporation, USA, 2010.

15) ADAPT Corporation, Post-Tensioned Waffle/Joist Slab Construction, ADAPT Technical Note 220 (TN-220), ADAPT Corporation, USA, 2010.

16) AFNOR, P22-630, Construction Métallique－Silos en Acier－Calcul des Actions Dans Les Cellules, French National Standards Organization, France, 1992.

17) American Institute of Steel Construction, Steel Construction Manual, 14th Edition, American Institute of Steel Construction, USA, 2010

18) API, API Standard 620 Design and Construction of Large, Welded, Low-pressure Storage Tanks (12th Edition)-Appendix Q, L, American Petroleum Institute, USA, 2013.

19) API, API Standard 2000 Venting Atmospheric and Low-pressure Storage Tanks (17th Edition), American Petroleum Institute, USA, 2014.

20) ASME, Boiler and Pressure Vessel Code (BPVC)- 2013 Edition, The American Society of Mechanical Engineers, USA, 2013.

21) Backel, A., and Kang, T. H.-K., "Potential LEED Considerations for Post-Tensioned Concrete Structures", PTI Journal, V.10, No.1, 2014, pp.5~12.

22) Blakeley, R. W. G., Park, R., and Shepherd, R., "A Review of the Seismic Resistance of Prestressed Concrete", Bulletin of the New Zealand Society for Earthquake Engineering, Vol.3, pp.3~23.

23) Bondy, K. B., "Two-Way Post-Tensioned Slabs with Bonded Tendons," PTI Journal, V.8, No.2, 2012, pp.43~48.

24) British Standards Institution, BS 7777-1:1993, Flat-bottomed, Vertical, Cylindrical Storage Tanks for Low Temperature Service-Part 1: Guide to the General Provisions Applying for Design, Construction, Installation and Operation, BSI Standards Publications, UK, 1993.

25) British Standards Institution, BS 7777-2:1993, Flat-bottomed, Vertical, Cylindrical Storage Tanks for Low Temperature Service-Part 2: Specification for the Design and Construction of Single, Double and Full Containment Metal Tanks for the Storage of Liquefied Gas at Temperatures down to −165℃, BSI Standards Publications, UK, 1993.

26) British Standards Institution, BS 7777-3:1993, Flat-bottomed, Vertical, Cylindrical Storage Tanks for Low Temperature Service-Part 3: Recommendations for the Design and Construction of Prestressed and Reinforced Concrete Tanks and Tank Foundations, and the Design and Installation of Tank Insulation, Tank Liners and Tank Coatings, BSI Standards Publications, UK, 1993.

27) British Standards Institution, BS 8110-1:1997 Structural Use of Concrete- Part 1: Code of Practice for Design and Construction, BSI Standards Publications, UK, 1997.

28) British Standards Institution, BS 8110-2:1985 Structural Use of Concrete- Part 1: Code of

Practice for Special Circumstances, BSI Standards Publications, UK, 1985.

29) Cheok, G. S. and Lew, H. S., "Model Precast Concrete Beam-to-Column Connections Subject to Cyclic Loading", PCI Journal, Vol.38, No.4, Precast/Prestressed Concrete Institute, 1993, pp.80~92.

30) DIN, DIN1055-6:2005-03 Actions on Structures - Part 6: Design Loads for Buildings and Loads in Silo Bins, The German Institute for Standardization, Germany, 2005.

31) Englekirk, R. E., "Development and Testing of a Ductile Connector for Assembling Precast Concrete Beams and Columns", PCI Journal, Vol. 40,No.2, 1995.

32) Englekirk, R. E, Seismic Design of Reinforced and Precast Concrete Buildings, John Wiley and Sons, Inc., USA, 2003.

33) Ertas, O., "Ductile Beam-Column Connections in Precast Concrete Moment Resisting Frames", PhD Dissertation, Boğaziçi University, 2005

34) European Committee for Standardization, BS EN 1473:2007: Installation and Equipment for Liquid Natural Gas – Design of Onshore Installations, BSI Standards Publications, UK, 2007.

35) Guyon, Y., Prestressed Concrete, John Wiley and Sons, Inc., USA, 1953.

36) Hawkins, N. M., "Lateral Load Resistance of Unbonded Post-Tensioned Flat Plate Construction", PCI Journal, Vol.26, No.1, 1981, pp.94~116.

37) Hufnagel, A., and Kang, T. H.-K., "Assessment of Secondary Effects in Post-Tensioned Flat Plates", PTI Journal, V.8, No.2, 2012, pp.26~42.

38) Kang, T. H.-K. and Huang, Y., "Corner Post-Tensioned Slab-Column Connections", PTI Journal, V.9, No.1, 2013, pp.1~15.

39) Kang, T. H.-K. and Huang, Y., "Nonlinear Finite Element Analyses of Unbonded Post-Tensioned Slab-Column Connections", PTI Journal, V.8, No.1, 2012, pp.4~19.

40) Kang, T. H.-K, and Wallace, J. W., "Dynamic Responses of Flat Plate Systems with Shear Reinforcement", ACI Structural Journal, V.102, No.5, 2005, pp.736~773.

41) Kang, T. H.-K, and Wallace, J. W., "Punching of Reinforced and Post-Tensioned Concrete Slab-Column Connections", ACI Structural Journal, V.103, No.6, 2006, pp.531~540.

42) Kang, T. H.-K. and Wallace, J. W., "Stresses in Unbonded Tendons of Post-Tensioned Flat Plate Systems under Dynamic Excitation", PTI Journal, V.6, No.1, 2008, pp.31~44.

43) Kang, T. H.-K., Robertson, I. N., Hawkins, N. M., and LaFave, J. M., "Recommendations

for Design of Post-Tensioned Slab-Column Connections Subjected to Lateral Loading", PTI Journal, Vol.6, No.1, 2008, pp.45~59.

44) Klemencic, R., Fry, J. A., Hurtado, G., and Moehle, J. P., "Performance of Post-Tensioned Slab-Core Wall Connections," PTI Journal, Vol.4, No.2, 2006, pp.7~12.

45) Nakaki, S. D., Stanton, J. F., and Sritharan, S., "An Overview of the PRESSS Five-Story Precast Test Building", PCI Journal, Vol.44, No.2, 1999, pp.26~39.

46) NFPA, NFPA 59A: Standard for the Production, Storage, and Handling of Liquefied Natural Gas (LNG), National Fire Protection Association, 2013

47) PTI, Acceptance Standards for Post-Tensioning Systems (PTI M50, 1-98), Post-Tensioning Institute, USA, 1998.

48) PTI, Anchorage Zone Design (PTI M50.2-00), Post-Tensioning Institute, USA, 2000

49) PTI, Guide for Design of Post-Tensioned Buildings (PTI DC20.9-11), Post-Tensioning Institute, USA, 2011.

50) PTI, Post Tensioning Manual - Sixth Edition, Post-Tensioning Institute, USA, 2006.

51) Priestley, M. J. N., Sritharan, S., Conley, J. R., and Pampanin, S., "Preliminary Results and Conclusions from the PRESSS Five-Story Precast Concrete Test Building", PCI Journal, Vol.44, No.6, 1999, pp.42~67.

52) The Japan Gas Association, Recommended Practice for LNG Above-ground Storage (JGA RPAS), The Japan Gas Association, Japan, 2002.

53) The Japan Gas Association, Recommended Practice for LNG In-ground Storage (JGA RPIS), The Japan Gas Association, Japan, 2002.

54) Soviet Code, Instructions for Design of Silos for Granular Materials, Soviet Code CH-302-65 Gosstroy, USSR, 1965.

KCI 105 - 프리스트레스트콘크리트위원회(2014.12 현재)

위원장	김지상	서경대학교		
부위원장	이만섭	코비코리아(주)		
간사	전세진	아주대학교		
위원	강현구	서울대학교	변형균	(주)시스트라코리아
	김근택	(주)비엔지컨설턴트	심 별	브이에스엘코리아(주)
	김기현	컨텍이앤씨(주)	오병환	(전)서울대학교
	김병석	한국건설기술연구원	원기철	원우지티아이(주)
	김승익	(주)후레씨네코리아	윤석구	서울과학기술대학교
	김용남	삼성물산(주)건설부문	윤장근	대림산업(주)
	김우종	(주)DM엔지니어링	장신찬	디비닥시스템즈코리아(주)
	김진원	코오롱글로벌(주)	정기남	(주)토탈피에스
	박인교	코비코리아(주)	정은수	브이에스엘코리아(주)
	박정우	(주)동양구조안전기술	채성태	한국건설생활환경시험연구원
	박찬민	코비코리아(주)	최종인	(주)너른기술

콘크리트 실무지침

프리스트레스트 콘크리트 건축물과 플랜트 구조물의 설계 및 공법

2014년 12월 25일 1판 1쇄 인쇄
2014년 12월 30일 1판 1쇄 발행

관리주체 사단법인 한국콘크리트학회
서울특별시 강남구 테헤란로 7길 22
한국과학기술회관 신관 1009호
TEL. 02)568-5984~7
FAX. 02)568-1918

출판보급처 기 문 당
서울시 성동구 무학봉 28길 4-1
TEL. 02)2295-6171(代)~5
FAX. 02)2296-8188

출판등록 1976. 10. 7 (1-44)

홈페이지 http : // 기문당
http : // www.kimoondang.com

I S B N 978-89-6225-677-2 93530

정 가 13,000원